AF318560

LES THÉORIES ÉLECTRIQUES

DE

J. CLERK MAXWELL

ÉTUDE HISTORIQUE ET CRITIQUE

PAR

M. P. DUHEM

Correspondant de l'Institut de France
Professeur de physique théorique à la Faculté des Sciences de Bordeaux

PARIS

LIBRAIRIE SCIENTIFIQUE A. HERMANN

Libraire de S. M. le Roi de Suède et de Norvège

6 et 12, RUE DE LA SORBONNE

1902

LES THÉORIES ÉLECTRIQUES

DE

J. CLERK MAXWELL

ETUDE HISTORIQUE ET CRITIQUE

LES THÉORIES ÉLECTRIQUES

DE

J. CLERK MAXWELL

ÉTUDE HISTORIQUE ET CRITIQUE

PAR

M. P. DUHEM

Correspondant de l'Institut de France
Professeur de physique théorique à la Faculté des Sciences de Bordeaux

PARIS

LIBRAIRIE SCIENTIFIQUE A. HERMANN

Libraire de S. M. le Roi de Suède et de Norvège

6 et 12, RUE DE LA SORBONNE

1902

LES THÉORIES ÉLECTRIQUES

DE

J. CLERK MAXWELL

ÉTUDE HISTORIQUE ET CRITIQUE

Introduction

I

Au milieu de ce siècle, l'électrodynamique semblait fondée en toutes ses parties essentielles. Éveillé par l'expérience d'Œrstedt, le génie d'Ampère avait créé et porté à un haut degré de perfection l'étude des forces qui s'exercent soit entre deux courants, soit entre un courant et un aimant ; Arago avait découvert l'aimantation par les courants ; Faraday avait mis en lumière les phénomènes d'induction électrodynamique et d'induction électromagnétique ; Lenz avait comparé le sens des actions électro-

motrices des courants au sens de leurs actions pondéromotrices ;
cette comparaison avait fourni à F. E. Neumann le point de départ
d'une théorie de l'induction ; cette théorie, W. Weber l'avait
formulée de son côté, en s'appuyant sur des hypothèses relatives
à la loi générale des forces électriques ; enfin, H. Helmholtz
d'abord, W. Thomson ensuite, avaient tenté de passer des lois
d'Ampère aux lois découvertes par F. E. Neumann et par
W. Weber, en prenant pour intermédiaire le principe, nouvelle-
ment affirmé, de la conservation de l'énergie.

Deux objets seulement semblaient s'offrir à l'activité du physicien désireux de travailler au progrès de l'électrodynamique et de
l'électromagnétisme.

Le premier de ces objets était le développement des conséquences implicitement contenues dans les principes qui venaient
d'être posés ; à la poursuite de cet objet, les géomètres employèrent
toutes les ressources de leur analyse ; les expérimentateurs mirent
en œuvre leurs méthodes de mesure les plus précises ; les indus-
triels prodiguèrent l'ingéniosité de leur esprit inventif ; et, bientôt,
l'étude du courant électrique devint le chapitre le plus riche et le
plus vaste de la physique tout entière.

Le second de ces objets, d'une nature plus spéculative et plus
philosophique, était la réduction à une commune loi des principes
de l'électrostatique et des principes de l'électrodynamique. Ampère
lui-même l'avait proposé aux efforts des physiciens :

" Il est donc complètement démontré, disait-il (*), qu'on ne
saurait rendre raison des phénomènes produits par l'action de
deux conducteurs voltaïques, en supposant que des molécules
électriques agissant en raison inverse du carré de la distance
fussent distribuées sur les fils conducteurs, de manière à y
demeurer fixées et à pouvoir, par conséquent, être regardées
comme invariablement liées entre elles. On doit en conclure que
ces phénomènes sont dus à ce que les deux fluides électriques
parcourent continuellement les fils conducteurs, d'un mouvement

---

(*) Ampère, *Théorie mathématique des phénomènes électrodynamiques uniquement déduite de l'expérience*, Paris, 1826. Deuxième édition (Paris, 1883),
pp. 96 et sqq.

extrêmement rapide, en se réunissant et se séparant alternativement dans les intervalles des particules de ces fils... „

« C'est seulement dans le cas où l'on suppose les molécules électriques en repos dans les corps où elles manifestent leur présence par les attractions ou répulsions produites par elles entre ces corps, qu'on démontre qu'un mouvement uniformément accéléré ne peut résulter de ce que les forces qu'exercent les molécules électriques dans cet état de repos ne dépendent que de leurs distances mutuelles. Quand l'on suppose, au contraire, que, mises en mouvement dans les fils conducteurs par l'action de la pile, elles y changent continuellement de lieu, s'y réunissent à chaque instant en fluide neutre, se séparent de nouveau et vont se réunir à d'autres molécules du fluide de nature opposée, il n'est plus contradictoire d'admettre que des actions en raison inverse des carrés des distances qu'exerce chaque molécule, il puisse résulter entre deux éléments de fils conducteurs une force qui dépende non seulement de leur distance, mais encore des directions des deux éléments suivant lesquelles les molécules électriques se meuvent, se réunissent à des molécules de l'espèce opposée, et s'en séparent l'instant suivant pour aller s'unir à d'autres... „

« S'il était possible, en partant de cette considération, de prouver que l'action mutuelle des deux éléments est, en effet, proportionnelle à la formule par laquelle je l'ai représentée, cette explication du fait fondamental de toute la théorie des phénomènes électrodynamiques devrait évidemment être préférée à toute autre... „

A la question qu'Ampère avait seulement posée, Gauss (*) formula une réponse qu'il ne publia point : l'action répulsive mutuelle de deux charges électriques ne dépend pas seulement de leur distance, mais encore de la vitesse du mouvement relatif de l'une par rapport à l'autre; lorsque les deux charges sont en repos relatif, cette action se réduit à la force inversement proportionnelle au carré de la distance, connue depuis Coulomb; lorsque, au contraire, deux fils conducteurs sont, l'un et l'autre, le siège de deux flux électriques entraînant en sens opposé, avec une égale

---

(*) C. F. Gauss, *Werke,* Bd. V, p. 616.

vitesse, l'un l'électricité positive et l'autre l'électricité négative, ces deux fils conducteurs s'attirent l'un l'autre suivant la loi d'Ampère.

Gauss s'était contenté de jeter sur le papier une formule qui répondait à la question d'Ampère; son illustre élève, W. Weber (*), imagina une formule analogue et en tira toutes les conséquences; selon Weber, l'action mutuelle de deux charges électriques dépend non seulement de leur distance, mais encore des deux premières dérivées de cette distance par rapport au temps; reproduisant la loi de Coulomb lorsqu'on l'applique aux phénomènes électrostatiques, la formule de Weber indique que deux éléments de courant s'attirent suivant la formule d'Ampère; en outre, elle fournit une théorie mathématique complète de l'induction électrodynamique, théorie conforme de tout point à celle que F. E. Neumann découvrait au même moment, en s'inspirant des méthodes d'Ampère.

Grande fut tout d'abord la vogue de la doctrine de Weber; la plupart des physiciens jugèrent, selon le mot d'Ampère, que " cette explication du fait fondamental de toute la théorie des phénomènes électrodynamiques devait être préférée à toute autre „.

Toutefois, cette doctrine ne justifia pas les espérances qu'elle avait tout d'abord suscitées; bien que G. Kirchhoff (**) en ait tiré, pour l'induction au sein des conducteurs d'étendue finie en toutes dimensions, une théorie qui a servi de précurseur aux recherches de Helmholtz, elle ne conduisit à la découverte d'aucun fait nouveau; et, peu à peu, désespérés de la stérilité des spéculations touchant les actions qu'exercent les charges électriques en mouvement, les physiciens en détournèrent leur attention qui n'y put être ramenée ni par les hypothèses de B. Riemann, ni par les recherches de R. Clausius.

(*) Weber, *Elektrodynamische Maassbestimmungen*, I, Leipzig, 1846.
(**) G. Kirchhoff, *Ueber die Bewegung der Elektricität in Leitern* (Poggendorff's Annalen, Bd. CII, 1857).

II

L'électrodynamique apparaissait donc, en 1860, comme un vaste pays dont de hardis explorateurs ont reconnu toutes les frontières; l'étendue exacte de la contrée semblait connue; il ne restait plus qu'à étudier minutieusement chacune de ses provinces et à exploiter les richesses qu'elle promettait à l'industrie.

Cependant, en 1861, à cette science qui semblait si complètement maîtresse de son domaine, une région nouvelle et immense fut ouverte; et l'on put croire alors, beaucoup pensent encore aujourd'hui, que cette extension subite devait non pas seulement accroître l'électrodynamique, mais encore bouleverser les parties de cette doctrine que l'on regardait comme constituées d'une manière à peu près définitive.

Cette révolution était l'œuvre d'un physicien écossais, James Clerk Maxwell.

Reprenant et développant d'anciennes idées d'Æpinus et de Cavendish, Faraday avait créé, à côté de l'électrostatique des corps conducteurs, l'électrostatique des corps isolants ou, selon le mot qu'il a introduit en physique, des corps *diélectriques;* mais nul n'avait fait entrer ces corps en ligne de compte dans les spéculations de l'électrodynamique. Maxwell créa l'électrodynamique des corps diélectriques; il imagina que les propriétés d'un diélectrique, à un instant donné, ne dépendaient pas seulement de la polarisation de ce corps à cet instant, mais encore de la vitesse avec laquelle la polarisation varie de cet instant au suivant; il supposa que cette vitesse engendrait des forces pondéromotrices et électromotrices semblables à celles qu'engendre le flux électrique; au *flux de conduction,* il compara le *flux de polarisation* ou, selon son expression, le *flux de déplacement.*

Non seulement les flux de déplacement exercent, dans les corps conducteurs, des actions inductrices semblables à celles des flux de conduction, mais encore les forces électromotrices de ces deux sortes de flux, qui, dans un corps conducteur, donnent naissance à un courant, polarisent les diélectriques en lesquels elles agissent.

Les équations que tire de ces hypothèses une méthode où les propriétés électrodynamiques des corps entrent seules en ligne de compte, offrent des caractères surprenants ; selon ces équations, les lois qui régissent la propagation des flux de déplacement dans un milieu diélectrique sont exactement celles auxquelles obéissent les déplacements infiniment petits d'un corps parfaitement élastique; en particulier, les flux de déplacement uniformes se comportent absolument comme les vibrations de l'éther auxquelles l'optique attribuait alors les phénomènes lumineux.

Mais il y a plus. La vitesse de propagation des flux de déplacement dans le vide peut être mesurée par des expériences purement électriques; et cette vitesse, ainsi déterminée, se trouve être numériquement égale à la vitesse de la lumière dans le vide. Dès lors, ce n'est plus une simple analogie entre les flux de déplacement uniformes et les vibrations lumineuses qui s'impose à l'esprit du physicien; invinciblement, il est amené à penser que les vibrations lumineuses n'existent pas; qu'à des flux de déplacement périodiques il faut attribuer les phénomènes que ces vibrations servaient à expliquer, souvent d'une manière moins heureuse; créant ainsi la *Théorie électromagnétique de la lumière,* Maxwell fait de l'optique une province de l'électrodynamique.

Surprenante par ses conséquences, l'électrodynamique inaugurée par Maxwell l'était plus encore par la voie insolite qu'avait suivie son auteur pour l'introduire dans la science.

La théorie physique est une construction symbolique de l'esprit humain, destinée à donner une représentation, une synthèse aussi complète, aussi simple et aussi logique que possible des lois que l'expérience a découvertes. A chaque qualité nouvelle des corps, elle fait correspondre une grandeur dont les diverses valeurs servent à repérer les divers états, les intensités diverses de cette qualité; entre les différentes grandeurs qu'elle considère, elle établit des liens au moyen de propositions mathématiques qui lui paraissent traduire les propriétés les plus simples et les plus essentielles des qualités dont ces grandeurs sont les signes; puis, tirant de ces *hypothèses,* par un raisonnement rigoureux, les conséquences qui y sont implicitement contenues, elle compare ces conséquences aux lois que l'expérimentateur a découvertes; lorsqu'un grand nombre de ces conséquences théoriques représentent, d'une manière très approchée, un grand nombre de lois expérimentales, la théorie est bonne.

La théorie doit donner du monde physique une description aussi simple que possible; elle doit donc restreindre autant qu'il est en son pouvoir le nombre des propriétés qu'elle regarde comme des qualités irréductibles et qu'elle figure au moyen de grandeurs particulières, le nombre des lois qu'elle regarde comme premières et dont elle fait des hypothèses. Elle ne doit faire appel à une nouvelle grandeur, accepter une hypothèse nouvelle que lorsqu'une inéluctable nécessité l'y contraint.

Lors donc que le physicien découvre des faits inconnus jusqu'à lui, lorsque ses expériences lui ont permis de formuler des lois que la théorie n'avait pas prévues, il doit tout d'abord rechercher avec le plus grand soin si ces lois peuvent être présentées, au degré d'approximation requis, comme des conséquences des hypothèses admises. C'est seulement après avoir acquis la certi-tude que les grandeurs traitées jusque-là par la théorie ne peuvent servir de symboles aux qualités observées, que des hypo-thèses reçues ne peuvent découler les lois établies, qu'il est autorisé à enrichir la physique d'une grandeur nouvelle, à la compliquer d'une nouvelle hypothèse.

Ces principes sont l'essence même de nos théories physiques. Si l'on venait à y manquer, la difficulté qui se rencontre souvent à reconnaître qu'une loi, découverte par l'observation, découle ou non des hypothèses admises, jointe à une paresse d'esprit trop fréquente, mènerait les physiciens à regarder chaque propriété nouvelle comme une qualité irréductible, chaque loi nouvelle comme une hypothèse première, et notre science mériterait bientôt tous les reproches que les contemporains de Galiléc et de Descartes adressaient à la physique de l'École.

Les fondateurs de l'électrodynamique se sont conformés soigneusement à ces principes. Pour représenter les propriétés des corps électrisés, il avait suffi à Coulomb et à Poisson de faire usage d'une seule grandeur, la charge électrique, d'imposer aux charges électriques une seule hypothèse, la loi de Coulomb. Lorsque Ampère eut découvert que des actions attractives ou répulsives s'exerçaient entre des fils parcourus par des courants électriques, les physiciens recherchèrent tout d'abord si l'on ne pouvait représenter ces actions au moyen de charges électriques convenablement distribuées sur les fils et se repoussant selon la formule de Coulomb; Ampère s'efforça à cette tentative; il n'y renonça point que certains faits d'expérience, et notamment les phénomènes de rotation électromagnétique, découverts par Faraday, ne lui eussent prouvé clairement qu'elle ne pouvait réussir; alors seulement il voulut que l'intensité du courant électrique prît place auprès de la charge électrique, alors seulement il proclama que les lois de l'électrodynamique étaient des lois premières, au même titre que la loi de Coulomb.

Pour créer l'électrodynamique des corps diélectriques, Maxwell suivit une marche inverse.

Au moment où Maxwell introduisit en électrodynamique une grandeur nouvelle, le flux de déplacement, au moment où il marqua, comme des hypothèses essentielles, la forme mathématique des lois auxquelles cette grandeur devait être soumise, aucun phénomène dûment constaté n'exigeait cette extension de la théorie des courants; celle-ci suffisait à représenter, sinon tous les phénomènes jusqu'alors connus, du moins tous ceux dont l'étude expérimentale était arrivée à un degré suffisant de netteté. Nulle nécessité logique ne pressait Maxwell d'imaginer une électrodynamique nouvelle; pour guides, il n'avait que des analogies, le désir de doter l'œuvre de Faraday d'un prolongement semblable à celui que l'œuvre de Coulomb et de Poisson avait reçu de l'électrodynamique d'Ampère, peut-être aussi un instinctif sentiment de la nature électrique de la lumière. Il fallut de longues années de recherches et le génie d'un Hertz pour que fussent découverts les phénomènes que traduisaient ses équations, pour que sa théorie cessât d'être une forme vide de toute matière.

Avec une imprudence inouïe, Maxwell avait renversé l'ordre naturel selon lequel évolue la physique théorique; il ne vécut pas assez pour voir les découvertes de Hertz transformer son audace téméraire en prophétique divination.

III

Entrée dans la science par une voie insolite, l'électrodynamique de Maxwell ne paraît pas moins étrange lorsqu'on en suit les développements dans les écrits de son auteur.

Remarquons tout d'abord que les écrits de Maxwell exposent non pas une seule électrodynamique, mais au moins trois électrodynamiques distinctes.

Le premier écrit de Maxwell (*) a pour objet de mettre en claire lumière l'analogie entre les équations qui régissent diverses branches de la physique, analogie qui lui semble propre à suggérer des inventions nouvelles. " Par analogie physique, dit-il, j'entends cette ressemblance entre les lois d'une science et les lois d'une autre science qui fait que l'une des deux sciences peut servir à illustrer l'autre. „ L'analogie, déjà remarquée par Huygens, entre l'acoustique et l'optique, a grandement contribué au progrès de celle-ci. Maxwell prend pour point de départ la théorie de la conductibilité calorifique ou plutôt la théorie du mouvement d'un fluide dans un milieu résistant, simple changement de notation qui n'altère point la forme des équations ; de ces équations, par voie d'analogie, Ohm avait déjà tiré les lois du mouvement électrique dans les corps conducteurs ; par un procédé semblable, Maxwell en déduit une théorie de la polarisation des corps diélectriques.

Le premier mémoire de Maxwell se proposait seulement d'*illustrer* la théorie des diélectriques par la comparaison des équations qui la régissent avec les équations qui régissent certaines autres parties de la physique ; le second (**) a pour objet de constituer un *modèle mécanique* qui *figure* ou *explique* (pour un physicien anglais, les deux mots ont le même sens) (***) les actions électriques et magnétiques.

On connaît la constitution que, dans ce mémoire, Maxwell

(*) J. Clerk Maxwell, *On Faraday's Lines of Force*, lu à la Société philosophique de Cambridge le 10 décembre 1855 et le 11 février 1856 (TRANSACTIONS OF THE CAMBRIDGE PHILOSOPHICAL SOCIETY, vol. X, part. I, pp. 27 à 83. — THE SCIENTIFICS PAPERS OF JAMES CLERCK MAXWELL, t. I, pp. 156 à 219 ; Cambrigde, 1890).

(**) J. Clerk Maxwell, *On physical Lines of Force* (PHILOSOPHICAL MAGAZINE, 4ᵉ série, t. XXI, pp. 161 à 175, 281 à 291, 338 à 348 ; 1861. Tome XXIII, pp. 12 à 24, 85 à 95 ; 1862. — THE SCIENTIFICS PAPERS OF JAMES CLERK MAXWELL, tome I, pp. 451 à 513 ; Cambrigde, 1900).

(***) *L'École anglaise et les Théories physiques* (REVUE DES QUESTIONS SCIENTIFIQUES, 2ᵉ série, tome II, 1893).

attribue à tous les corps : Des *cellules,* dont les parois très minces sont formées d'un solide parfaitement élastique et incompressible, renferment un fluide parfait, incompressible également, qu'animent de rapides mouvements tourbillonnaires. Ces mouvements tourbillonnaires représentent les phénomènes magnétiques ; en chaque point, l'axe instantané du mouvement tourbillonnaire marque la direction de l'aimantation ; la force vive du mouvement de rotation du fluide qui remplit un élément de volume est proportionnelle au moment magnétique de cet élément de volume. Quant au solide élastique qui forme les cloisons des cellules, les forces qui agissent sur lui le déforment de diverses manières ; les *déplacements* qu'éprouvent ses diverses parties représentent la *polarisation* introduite par Faraday pour rendre compte des propriétés des milieux diélectriques.

Laisser de côté toute hypothèse sur la constitution mécanique des milieux où se produisent les phénomènes électriques et magnétiques ; prendre pour point de départ unique les lois que l'expérience a solidement établies et que tous les physiciens acceptent ; transformer ensuite par l'analyse mathématique les conséquences de ces lois de manière que les formules qui les expriment soient, pour ainsi dire, calquées sur les équations auxquelles conduit l'hypothèse des cellules ; mettre ainsi en évidence l'équivalence absolue entre cette interprétation mécanique et les théories électriques communément admises ; amener par là cette doctrine au plus haut degré de probabilité que puisse atteindre une pareille explication ; tel paraît avoir été le but de Maxwell dans ses publications ultérieures touchant l'électricité ; tel est, semble-t-il, le principal objet du grand mémoire intitulé : *A dynamical Theory of the electromagnetic Field* (*) et du *Traité d'Électricité et de Magnétisme* (**) dont ce mémoire énonce, en quelque sorte, le programme.

(*) J. Clerk Maxwell, *A dynamical Theory of the electromagnetic Field,* lu à la Société royale de Londres le 8 décembre 1864 (PHILOSOPHICAL TRANSACTIONS, vol. CLV, pp. 459 à 512 ; 1865. — THE SCIENTIFICS PAPERS OF JAMES CLERK MAXWELL, t. I, pp. 526 à 597 ; Cambridge, 1890).

(**) J. Clerk Maxwell, *Treatise of Electricity and Magnetism,* 1re édition, Londres, 1873. — 2e édition, Londres, 1881. — Traduit en français par G. Seligmann-Lui, Paris, 1885-1889.

« Dans ce traité, écrit-il en tête de la première édition, je me propose de décrire les plus importants des phénomènes, de montrer comment on peut les soumettre à la mesure et de rechercher les relations mathématiques qui existent entre les quantités mesurées. Ayant ainsi obtenu les données d'une théorie mathématique de l'électromagnétisme et ayant m.. ré comment cette théorie peut s'appliquer au calcul des phénomènes, je m'efforcerai de mettre en lumière, aussi clairement qu'il me sera possible, les rapports qui existent entre les formes mathématiques de cette théorie et celles de la science fondamentale de la dynamique; de la sorte, nous serons, dans une certaine mesure, préparés à définir la nature des phénomènes dynamiques parmi lesquels nous devons chercher des analogies ou des explications des phénomènes électromagnétiques. »

Comparaison entre les formes mathématiques, par lesquelles sont symbolisées diverses branches de la physique; construction de mécanismes propres à imiter des effets qu'il semble malaisé de réduire à la figure et au mouvement; groupement des lois expérimentales en théories composées à l'image de la dynamique; autant de méthodes qu'il est légitime de suivre, pourvu qu'on le fasse avec rigueur et précision; pourvu que le désir de mettre les lois solidement assises sous la forme qu'a fait prévoir l'analogie algébrique ou l'interprétation mécanique, n'entraîne jamais l'altération ni le rejet d'une partie, si minime soit-elle, de ces lois. Ces méthodes, d'ailleurs, semblent singulièrement propres à éclairer la partie de la physique à laquelle on les applique toutes trois, lorsque leurs conclusions se confondent en un harmonieux accord.

Cet accord, malheureusement, ne se rencontre point dans l'œuvre de Maxwell. Les diverses théories du physicien écossais sont inconciliables avec la doctrine traditionnelle; elles sont inconciliables entre elles. A chaque instant, entre les lois les mieux établies, les plus universellement acceptées, de l'électricité, du magnétisme, et les équations qu'impose l'analogie algébrique ou l'interprétation mécanique, le désaccord éclate, criant; à chaque instant, il semble que la suite même de ses raisonnements et de ses calculs va acculer Maxwell à une impossibilité, à une contradiction; mais au moment où la contradiction va devenir manifeste, où l'impossibilité va sauter à tous les yeux, Maxwell fait disparaître un terme gênant, change un signe inacceptable, transforme le sens d'une lettre; puis, le pas dangereux franchi, la nouvelle théorie électrique, enrichie d'un paralogisme, poursuit ses déductions.

On a prononcé (*), au sujet des procédés de démonstration employés par Maxwell, le mot de " coup de pouce „; nous ne voulons pas souscrire à ce jugement; les fautes de Maxwell à l'encontre de la logique étaient, nous le devons croire, des fautes inconscientes; mais, il faut le reconnaître, jamais physicien de renom n'a été, plus que Maxwell, aveuglément épris de ses propres hypothèses, plus que lui sourd aux démentis des vérités acquises; nul n'a plus complètement méconnu les lois qui président au développement rationnel des théories physiques. " J'ai fait l'office d'avocat plutôt que de juge, „ écrit quelque part (**) l'auteur du *Traité d'Électricité et de Magnétisme;* il a été, pour son explication dynamique des phénomènes électriques, l'avocat opiniâtrément convaincu du bon droit de son client; il a fait rigoureuse abstraction des témoins à charge; il a oublié qu'au moment de soumettre une hypothèse au contrôle souverain des lois que l'expérience a vérifiées, le physicien doit être, pour ses propres idées, le plus impartial et le plus sévère des juges.

IV

Dans la préface de l'un des ouvrages (***) qu'il a consacrés à l'œuvre de Maxwell, M. H. Poincaré s'exprime ainsi :

" La première fois qu'un lecteur français ouvre le livre de Maxwell, un sentiment de malaise, et souvent même de défiance, se mêle d'abord à son admiration. Ce n'est qu'après un commerce prolongé et au prix de beaucoup d'efforts, que ce sentiment se dissipe. Quelques esprits éminents le conservent même toujours. „

(*) H. Poincaré, COMPTES RENDUS, t. CXVI, p. 1020; 1893.

(**) J. Clerk Maxwell, *Traité d'Électricité et de Magnétisme.* Préface de la première édition.

(***) H. Poincaré, *Électricité et Optique.* I. *Les théories de Maxwell et la théorie électromagnétique de la lumière,* préface, p. v; Paris, 1890.

« Pourquoi les idées du savant anglais ont-elles tant de peine à s'acclimater chez nous ? C'est sans doute que l'éducation reçue par la plupart des Français éclairés les dispose à goûter la précision et la logique avant toute autre qualité. »

« Les anciennes théories de la physique mathématique nous donnaient à cet égard une satisfaction complète. Tous nos maîtres, depuis Laplace jusqu'à Cauchy, ont procédé de la même manière. Partant d'hypothèses nettement énoncées, ils en ont déduit toutes les conséquences avec une rigueur mathématique et les ont comparées ensuite avec l'expérience. Ils semblent vouloir donner à chacune des branches de la physique la même rigueur qu'à la mécanique céleste. »

« Pour un esprit accoutumé à admirer de tels modèles, une théorie est difficilement satisfaisante. Non seulement il n'y tolérera pas la moindre apparence de contradiction, mais il exigera que les diverses parties en soient logiquement reliées les unes aux autres et que le nombre des hypothèses soit réduit au minimum. »

« ... Le savant anglais ne cherche pas à construire un édifice unique, définitif et bien ordonné ; il semble plutôt qu'il élève un grand nombre de constructions provisoires et indépendantes, entre lesquelles les communications sont difficiles et parfois impossibles. »

« ... On ne doit donc pas se flatter d'éviter toute contradiction ; mais il faut en prendre son parti. Deux théories contradictoires peuvent, en effet, pourvu qu'on ne les mêle pas, et qu'on n'y cherche pas le fond des choses, être toutes deux d'utiles instruments de recherches, et peut-être la lecture de Maxwell serait-elle moins suggestive s'il ne nous avait pas ouvert tant de voies nouvelles et divergentes. »

Nous sommes de ceux qui ne peuvent prendre leur parti de la contradiction.

Certes — et nous sommes sur ce point de l'avis de M. H. Poincaré — nous ne regardons plus la physique théorique comme une branche de la métaphysique ; pour nous, elle n'est qu'une représentation schématique de la réalité ; au moyen de symboles mathématiques, elle classe et ordonne les lois que l'expérience a révélées ; elle condense ces lois en un petit nombre d'hypothèses ; mais la connaissance qu'elle nous donne du monde extérieur n'est ni plus pénétrante, ni d'une autre nature que la connaissance fournie par l'expérience.

Toutefois, il n'en faut pas conclure que la physique théorique échappe aux lois de la logique. Elle ne mérite le nom de science qu'à la condition d'être *rationnelle* ; elle est libre de choisir ses hypothèses comme il lui plaît, pourvu que ces hypothèses ne soient ni superflues, ni contradictoires ; et la chaîne des déductions qui relie aux hypothèses les vérités d'ordre expérimental ne doit contenir aucun maillon de solidité douteuse.

Une théorie physique unique qui, du plus petit nombre possible d'hypothèses compatibles entre elles, tirerait, par des raisonnements impeccables, l'ensemble des lois expérimentales connues est évidemment un idéal dont l'esprit humain n'atteindra jamais la perfection ; mais s'il ne peut atteindre cette limite, il doit sans cesse y tendre ; si diverses régions de la physique sont représentées par des théories sans lien les unes avec les autres, voire même par des théories qui se contredisent lorsqu'elles se rencontrent en un domaine commun, le physicien doit regarder ce disparate et cette contradiction comme des maux transitoires ; il doit s'efforcer de substituer l'unité au disparate, l'accord logique à la contra-diction ; jamais il n'en doit prendre son parti.

Sans doute, on ne doit point demander compte à un physicien de génie de la voie qui l'a conduit à une découverte. Les uns, dont Gauss est le parfait modèle, enchaînent toujours leurs pen-sées dans un ordre irréprochable et ne proposent à notre raison aucune vérité nouvelle qu'ils ne l'appuient des démonstrations les plus rigoureuses. Les autres, comme Maxwell, procèdent par bonds et, s'ils daignent étayer de quelques preuves les vues de leur imagination, ces preuves sont, trop souvent, précaires et caduques. Les uns et les autres ont droit à notre admiration. Mais si les intuitions imprévues des seconds nous surprennent davan-tage que les déductions majestueusement ordonnées des premiers, nous aurions tort de voir en celles-là, plus qu'en celles-ci, la marque du génie ; si les Maxwell sont plus « suggestifs » que les Gauss, c'est qu'ils n'ont pas pris la peine d'achever leurs inven-tions ; c'est qu'après avoir affirmé des propositions nouvelles, ils nous ont laissé la tâche, souvent malaisée, de les transformer en vérités démontrées.

Surtout devons-nous nous garder soigneusement d'une erreur qui est de mode, aujourd'hui, en une certaine École de physiciens ; elle consiste à regarder les théories illogiques et incohérentes comme de meilleurs instruments de travail, comme des méthodes de découverte plus fécondes que les théories logiquement construites ; cette erreur aurait quelque peine à s'autoriser de l'histoire de la science ; je ne sache pas que l'électrodynamique de Maxwell ait plus contribué au développement de la physique que l'électrodynamique d'Ampère, ce parfait modèle des théories que construisaient, au commencement du siècle, des génies élevés à l'école de Newton.

Lors donc que nous nous trouvons en présence d'une théorie qui offre des contradictions, cette théorie fût-elle l'œuvre d'un homme de génie, notre devoir est de l'analyser et de la discuter jusqu'à ce que nous parvenions à distinguer nettement, d'une part, les propositions susceptibles d'être logiquement démontrées et, d'autre part, les affirmations qui heurtent la logique et qui doivent être transformées ou rejetées. En poursuivant cette tâche de critique, nous devons nous garder de l'étroitesse d'un esprit auquel de mesquines corrections feraient oublier le mérite de l'inventeur ; mais, plus encore, nous devons nous garder de cette aveugle superstition qui, par admiration de l'auteur, voilerait les défauts graves de l'œuvre ; il n'est si grand génie que les lois de la raison ne le surpassent.

Tels sont les principes qui nous ont guidé dans la critique de l'œuvre de Maxwell.

PREMIÈRE PARTIE

LES ÉLECTROSTATIQUES DE MAXWELL

CHAPITRE PREMIER

**Les propriétés fondamentales des diélectriques. — Les doctrines
de Faraday et de Mossotti**

§ 1. *La théorie de l'aimantation par influence, précurseur
de la théorie des diélectriques*

La théorie du magnétisme a influé à tel point sur le développement de nos connaissances touchant les corps diélectriques qu'il nous faut, tout d'abord, dire quelques mots de cette théorie.

Æpinus se représentait les aimants comme des corps sur lesquels les deux fluides magnétiques, égaux en quantité, se séparaient de manière à se porter l'un à une extrémité du barreau, l'autre à l'autre extrémité. Coulomb (*) modifia cette manière de voir, universellement admise de son temps.

(*) Coulomb, *Septième Mémoire sur l'Électricité et le Magnétisme. — Du Magnétisme* (MÉMOIRES DE L'ACADÉMIE DES SCIENCES pour 1789, p. 488. — COLLECTION DE MÉMOIRES RELATIFS A LA PHYSIQUE, publiés par la Société française de Physique, t. I : *Mémoires de Coulomb*).

« Je crois, dit-il, que l'on pourrait concilier le résultat des expériences avec le calcul, en faisant quelques changements aux hypothèses ; en voici une qui paraît pouvoir expliquer tous les phénomènes magnétiques dont les essais qui précèdent ont donné des mesures précises. Il consiste à supposer, dans le système de M. Æpinus, que le fluide magnétique est renfermé dans chaque molécule ou partie intégrante de l'aimant ou de l'acier ; que le fluide peut être transporté d'une extrémité à l'autre de cette molécule, ce qui donne à chaque molécule deux pôles ; mais que ce fluide ne peut pas passer d'une molécule à une autre. Ainsi, par exemple, si une aiguille aimantée était d'un très petit diamètre, ou si chaque molécule pouvait être regardée comme une petite aiguille dont l'extrémité nord serait unie à l'extrémité sud de l'aiguille qui la précède, il n'y aurait que les deux extrémités *n* et *s* de cette aiguille qui donneraient des signes de magnétisme ; parce que ce ne serait qu'aux deux extrémités où un des pôles des molécules ne serait pas en contact avec le pôle contraire d'une autre molécule. »

« Si une pareille aiguille était coupée en deux parties après avoir été aimantée, en *a* par exemple, l'extrémité *a* de la partie *na* aurait la même force qu'avait l'extrémité *s* de l'aiguille entière, et l'extrémité *a* de la partie *sa* aurait également la même force qu'avait l'extrémité *n* de l'aiguille entière avant d'être coupée. »

« Ce fait se trouve très exactement confirmé par l'expérience ; car si l'on coupe en deux parties une aiguille très longue et très fine, après l'avoir aimantée, chaque partie, éprouvée à la balance, se trouve aimantée à saturation, et quoiqu'on l'aimante de nouveau, elle n'acquerra pas une plus grande force directrice. »

Poisson avait lu ce passage. « Avant les travaux de Coulomb sur le magnétisme, dit-il (*), on supposait les deux fluides transportés, dans l'acte de l'aimantation, aux deux extrémités des aiguilles de boussole et accumulés à leurs pôles ; tandis que, suivant cet illustre physicien, les fluides boréal et austral n'éprouvent

____

(*) Poisson, *Mémoire sur la théorie du Magnétisme,* lu à l'Académie des Sciences, le 2 février 1824 (MÉMOIRES DE L'ACADÉMIE DES SCIENCES pour les années 1821 et 1822, t. V, p. 250).

que des déplacements infiniment petits et ne sortent pas de la molécule du corps aimanté à laquelle ils appartiennent. „

La notion d'élément magnétique, ainsi introduite en physique par Coulomb, est la base sur laquelle repose la théorie, donnée par Poisson, de l'induction magnétique du fer doux; voici, en effet, comment Poisson énonce (*) les hypothèses fondamentales de cette théorie.

« Considérons un corps aimanté par influence, de forme et de dimensions quelconques, dans lequel la force *coercitive* soit nulle et que nous appellerons A, pour abréger.

„ D'après ce qui précède, nous regarderons ce corps comme un assemblage d'*éléments magnétiques*, séparés les uns des autres par des intervalles inaccessibles au magnétisme, et voici, par rapport à ces éléments, les diverses suppositions résultant de la discussion dans laquelle nous venons d'entrer :

„ 1° Les dimensions des éléments magnétiques, et celles des espaces qui les isolent, sont insensibles et pourront être traitées comme des infiniment petits relativement au corps A.

„ 2° La matière de ce corps n'oppose aucun obstacle à la séparation des deux fluides *boréal* et *austral* dans l'intérieur des éléments magnétiques.

„ 3° Les portions des deux fluides que l'aimantation sépare dans un élément quelconque sont toujours très petites relativement à la totalité du *fluide neutre* que cet élément renferme et ce fluide neutre n'est jamais épuisé.

„ 4° Ces portions de fluide, ainsi séparées, se transportent à la surface de l'élément magnétique où elles forment une couche dont l'épaisseur, variable d'un point à un autre, est partout très petite et pourra aussi être considérée comme infiniment petite, même en la comparant aux dimensions de l'élément. „

La théorie de l'aimantation fondée par Poisson sur ces hypothèses est loin d'être irréprochable ; plus d'un raisonnement essentiel manque de rigueur ou pèche contre l'exactitude (**) ; mais ces défauts, auxquels il a été possible de remédier plus tard,

---

(*) Poisson, *loc. cit.*, p. 262.

(**) *Étude historique sur l'aimantation par influence* (ANNALES DE LA FACULTÉ DES SCIENCES DE TOULOUSE, t. II, 1888).

ne doivent point faire oublier les résultats d'une importance capitale que le grand théoricien a définitivement introduits dans la science ; rappelons quelques-uns de ces résultats, dont nous aurons à faire usage dans la suite :

Soit dw un élément de volume découpé dans un aimant quelconque ; si, sur une droite, dirigée comme l'axe magnétique de cet élément, nous portons une longueur égale au quotient de son moment magnétique par son volume, nous obtenons une grandeur dirigée qui est l'*intensité d'aimantation* en un point de l'élément dw ; M est cette grandeur et A, B, C en sont les composantes.

Les composantes X, Y, Z du *champ magnétique*, en un point (x, y, z) extérieur à l'aimant, sont données par les formules

$$X = - \frac{\delta V}{\delta x}, \quad Y = - \frac{\delta V}{\delta y}, \quad Z = - \frac{\delta V}{\delta z},$$

V étant la *fonction potentielle magnétique* de l'aimant ; cette fonction est définie par l'égalité :

$$(1) \qquad V = \int \left(A_1 \frac{\delta \frac{1}{r}}{\delta x_1} + B_1 \frac{\delta \frac{1}{r}}{\delta y_1} + C_1 \frac{\delta \frac{1}{r}}{\delta z_1} \right) dw_1,$$

(x_1, y_1, z_1) étant un point de l'élément dw_1,
A_1, B_1, C_1, les composantes de l'aimantation en ce point,
r, la distance des deux points (x, y, z) et (x_1, y_1, z_1)
et l'intégration s'étendant à l'aimant tout entier.

Cette fonction potentielle est identique à celle qui proviendrait d'une *distribution fictive* de fluide magnétique, distribution ayant pour densité, en chaque point (x, y, z) de la masse de l'aimant,

$$(2) \qquad \rho = - \left(\frac{\delta A}{\delta x} + \frac{\delta B}{\delta y} + \frac{\delta C}{\delta z} \right),$$

et, en chaque point de la surface de l'aimant, où N_i est la normale dirigée vers l'intérieur de l'aimant, ayant pour densité superficielle

$$(3) \quad \sigma = - [A \cos (N_i, x) + B \cos (N_i, y) + C \cos (N_i, z)].$$

En chaque point intérieur à l'aimant, on a

$$(4) \qquad \Delta V = -\, 4\pi\rho = 4\pi \left(\frac{\delta A}{\delta x} + \frac{\delta B}{\delta y} + \frac{\delta C}{\delta z} \right).$$

En chaque point de la surface de l'aimant, on a

$$(5) \quad \frac{\delta V}{\delta N_i} + \frac{\delta V}{\delta N_e} = -\,4\pi\sigma = 4\pi\,[A\cos(N_i, x) + B\cos(N_i, y) + C\cos(N_i, z)].$$

Si un corps parfaitement doux est soumis à l'influence d'un aimant, il s'aimante à son tour de telle sorte que les composantes de l'aimantation en chaque point (x, y, z) de l'aimant soient liées par les égalités suivantes à la fonction potentielle de l'aimantation tant inductrice qu'induite :

$$(6) \qquad A = -\, K\frac{\delta V}{\delta x}, \quad B = -\, K\,\frac{\delta V}{\delta y}, \quad C = -\, K\,\frac{\delta V}{\delta z}.$$

Dans ces égalités, K est une quantité constante pour un corps donné, à une température donnée; on lui donne le nom de *coefficient d'aimantation* du corps.

Ce point de départ suffit à mettre complètement en équations le problème de l'aimantation par influence sur les corps dénués de force coercitive.

Ces divers résultats, nous l'avons dit, sont demeurés acquis à la science; seules, les égalités (6) ont été modifiées; pour rendre compte des divers phénomènes présentés par les corps fortement magnétiques, tels que le fer doux, et, en particulier, du phénomène de la *saturation*, G. Kirchhoff a proposé (*) de remplacer le coefficient d'aimantation K par une *fonction magnétisante* $f(M)$, variable non seulement avec la nature et la température du corps, mais

---

(*) G. Kirchhoff, *Ueber den inducirten Magnetismus eines unbegrenzten Cylinders von weichem Eisen* (CRELLE'S JOURNAL FÜR REINE UND ANGEWANDTE MATHEMATIK, Bd. XLVIII, p. 348, 1853. — G. KIRCHHOFF'S ABHANDLUNGEN, p. 103, Berlin, 1882).

encore avec l'intensité M de l'aimantation. Les égalités (6) sont alors remplacées par les égalités

$$(7) \qquad A = f(M) \frac{\delta V}{\delta x}, \quad B = -f(M) \frac{\delta V}{\delta y}, \quad C = -f(M) \frac{\delta V}{\delta z}.$$

Pour les corps faiblement magnétiques, cette fonction magnétisante se réduit, comme le voulait Poisson, à un coefficient d'aimantation.

On peut, comme l'ont indiqué Émile Mathieu (*) et plus tard, M. H. Poincaré (**), faire disparaître les inexactitudes de raisonnement qui entachent la théorie de Poisson et éviter les difficultés d'ordre expérimental qui militent contre elle. Toutefois, les hypothèses mêmes sur lesquelles repose cette théorie ont quelque chose de naïf qui choque les habitudes des physiciens contemporains. " Dans l'état présent de la science, dit W. Thomson (***), une théorie fondée sur les hypothèses admises par Poisson, de deux fluides magnétiques mobiles au sein des éléments magnétiques ne saurait être satisfaisante ; on s'accorde, en général, à regarder l'exactitude de semblables hypothèses comme extrêmement improbable. Aussi est-il désirable aujourd'hui que la théorie complète de l'induction magnétique sur les substances cristallines et non cristallines soit établie indépendamment de toute hypothèse sur les fluides magnétiques et, autant que possible, sur une base purement expérimentale. Dans ce but, j'ai cherché à détacher la théorie de Poisson des hypothèses relatives aux fluides magnétiques, et de substituer à ces hypothèses des principes élémentaires qu'on en pourrait déduire et qui servent de fonde-

---

(*) É. Mathieu, *Théorie du Potentiel et ses applications à l'Électrostatique et au Magnétisme; 2ᵉ* partie: *Applications* (Paris, 1886).

(**) H. Poincaré, *Électricité et Optique*, I. — *Les théories de Maxwell et la théorie électromagnétique de la lumière,* leçons professées à la Sorbonne pendant le second semestre 1888-1889, p. 44 (Paris, 1890).

(***) W. Thomson, *On the theory of magnetic induction in crystalline and no-crystalline substances* (PHILOSOPHICAL MAGAZINE, 4ᵉ série, vol. I, pp. 177 à 186, 1851. — PAPERS ON ELECTROSTATICS AND MAGNETISM, art. XXX, sect. 604; Londres, 1872).

ment à une théorie identique, dans ses conclusions essentielles, à celle de Poisson. „

Au lieu d'imaginer un aimant comme un amas de particules magnétiques également chargées de fluide boréal et de fluide austral, et noyées dans un milieu imperméable aux fluides magnétiques, Sir W. Thomson traite cet aimant comme un corps continu dont les propriétés dépendent de la valeur prise, en chaque point, par une certaine grandeur dirigée, l'intensité d'aimantation; les hypothèses fondamentales qui caractérisent cette grandeur dans les aimants, en général, et dans les corps dénués de force coercitive, en particulier, sont équivalentes aux diverses égalités que nous venons d'écrire. Cette manière de traiter les aimants est aujourd'hui généralement admise; elle rend plus aisés et plus élégants les développements de la théorie du magnétisme, en même temps qu'elle satisfait davantage notre désir de rendre les hypothèses physiques indépendantes de toute supposition sur l'existence ou les propriétés des molécules.

Il est, dans l'étude du magnétisme, un point spécial qui a certainement influé sur la théorie des diélectriques et qui, en particulier, a contribué à faire adopter cette idée de Faraday que l'éther, vide de toute matière pondérable, est doué de propriétés diélectriques. Ce point, c'est l'étude des corps *diamagnétiques*.

Faraday a reconnu qu'un barreau de bismuth prenait, en chaque point, une aimantation dirigée non pas comme le champ magnétique, mais en sens inverse de ce champ; le bismuth est *diamagnétique*.

Au premier abord, le diamagnétisme semble difficilement compatible avec la théorie du magnétisme imaginée par Poisson; les corpuscules magnétiques ne peuvent s'aimanter que dans la direction du champ. La contradiction se dissipe si l'on admet une hypothèse émise par Edmond Becquerel (*).

Selon cette hypothèse, tous les corps, même le bismuth, seraient magnétiques; mais l'éther, privé de toute autre matière, serait, lui aussi, magnétique; dans ces conditions, les corps que nous nommons magnétiques seraient des corps plus magnétiques que

---

(*) Edmond Becquerel, *De l'action du Magnétisme sur tous les corps* (COMPTES RENDUS, t. XXXI, p. 198; 1850. — ANNALES DE CHIMIE ET DE PHYSIQUE, 3ᵉ série t. XXVIII, p. 283, 1850).

l'éther; les corps moins magnétiques que l'éther nous sembleraient diamagnétiques.

L'impossibilité de corps proprement diamagnétiques, manifeste dans l'hypothèse de Poisson, ne l'est plus au même degré lorsque l'on expose les fondements de la théorie du magnétisme comme l'a proposé W. Thomson; rien, semble-t-il, n'empêche d'attribuer à la fonction magnétisante une valeur négative dans les équations (7), devenues de pures hypothèses. Aussi, en maint endroit de ses écrits sur le magnétisme, W. Thomson n'a-t-il point fait difficulté de traiter des corps proprement diamagnétiques.

Les contradictions qu'entraînerait l'existence de tels corps apparaissent de nouveau lorsqu'on compare les lois du magnétisme aux principes de la thermodynamique.

Ces contradictions ont été remarquées pour la première fois par W. Thomson, au témoignage de Tait (*) : " L'opinion communément reçue, selon laquelle un corps diamagnétique, placé dans un champ magnétique, prend une polarisation *opposée* à celle que les mêmes circonstances déterminent dans un corps paramagnétique a été attaquée par W. Thomson au nom du principe de l'énergie. On sait que le développement complet du magnétisme sur un corps diamagnétique exige un certain temps, et que ce magnétisme ne disparaît pas instantanément lorsque le champ magnétique est supprimé; il est naturel de supposer qu'il en est de même des corps diamagnétiques; dès lors, il est aisé de voir qu'une sphère diamagnétique, homogène et isotrope, animée d'un mouvement de rotation dans un champ magnétique, et prenant dans ce champ une distribution magnétique opposée à celle que le fer y prendrait, serait soumise à un couple qui tendrait constamment à lui imprimer une rotation de même sens autour de son centre; cette sphère permettrait de réaliser le mouvement perpétuel. „

M. John Parker (**), par des raisonnements analogues, a montré que l'existence des corps diamagnétiques serait contradictoire avec le principe de Carnot.

(*) Tait, *Sketch of Thermodynamics.*
(**) John Parker, *On diamagnetism and concentration of energy* (PHILOSOPHICAL MAGAZINE, 5ᵉ série, vol. XXVII, p. 403, 1889).

Enfin, M. E. Beltrami (*) et nous-même (**) sommes arrivés à cette conclusion que si l'on peut trouver, sur un corps diamagnétique placé dans un champ donné, une distribution magnétique qui satisfasse aux équations (7), cette distribution correspond à un état d'équilibre instable. Il est donc impossible d'admettre l'existence de corps diamagnétiques proprement dits et indispensable de recourir à l'hypothèse d'Edmond Becquerel : l'éther est susceptible de s'aimanter.

§ 2. *La polarisation des diélectriques*

Si les hypothèses de Coulomb et de Poisson sur la constitution des corps aimantés s'écartent extrêmement des principes en faveur aujourd'hui auprès des physiciens, leur netteté, leur simplicité, la facilité avec laquelle l'imagination pouvait les saisir, devaient en faire, pour les théoriciens du commencement du siècle, une des hypothèses les plus séduisantes de la physique. Toutes les propriétés que nous représentons aujourd'hui par des *grandeurs dirigées* étaient attribuées alors à des *molécules polarisées*, c'est-à-dire à des molécules possédant, à leurs deux extrémités, des qualités opposées; à la *polarisation magnétique* on cherchait des analogues.

L'idée de comparer au fer, soumis à l'influence de l'aimant, les substances isolantes, telles que le verre, le soufre ou la gomme-laque, soumises à l'action de corps électrisés, s'est sans doute offerte de bonne heure à l'esprit des physiciens. Déjà Coulomb, à la suite du passage que nous avons cité, écrivait (***) ceci :

(*) E. Beltrami, *Note fisico-matematiche, lettera al prof. Ernesto Cesàro* (RENDICONTI DEL CIRCOLO MATEMATICO DI PALERMO, t. III, séance du 10 mars 1889).

(**) *Sur l'aimantation par influence* (COMPTES RENDUS, t. CV, p. 798, 1887). — *Sur l'aimantation des corps diamagnétiques* (COMPTES RENDUS, t. CVI, p. 736, 1888). — *Théorie nouvelle de l'aimantation par influence fondée sur la thermodynamique* (ANNALES DE LA FACULTÉ DES SCIENCES DE TOULOUSE, t. II, 1888). — *Sur l'impossibilité des corps diamagnétiques* (COMPTES RENDUS, t. CVIII, p. 1042, 1889). — *Des corps diamagnétiques* (TRAVAUX ET MÉMOIRES DES FACULTÉS DE LILLE, mémoire n° 2, 1889). — *Leçons sur l'Électricité et le Magnétisme*, t. II, p. 221, 1892.

(***) Coulomb, *Septième Mémoire sur l'Électricité et le Magnétisme* (MÉMOIRES DE L'ACADÉMIE DES SCIENCES DE PARIS pour 1789, p. 489. — COLLECTION DE MÉMOIRES RELATIFS A LA PHYSIQUE, publiés par la Société française de Physique; t. I : *Mémoires de Coulomb*).

" L'hypothèse que nous venons de faire paraît très analogue à cette expérience électrique très connue : lorsqu'on charge un carreau de verre garni de deux plans métalliques ; quelque minces que soient les plans, si on les éloigne du carreau, ils donnent des signes d'électricité très considérables ; les surfaces du verre, après que l'on a fait la décharge de l'électricité des garnitures, restent elles-mêmes imprégnées des deux électricités contraires et forment un très bon électrophore ; ce phénomène a lieu quelque peu d'épaisseur qu'on donne au plateau de verre ; ainsi le fluide électrique, quoique d'une nature différente des deux côtés du verre, ne pénètre qu'à une distance infiniment petite de sa surface ; et ce carreau ressemble exactement à une molécule aimantée de notre aiguille. Et si à présent l'on plaçait l'un sur l'autre une suite de carreaux ainsi électrisés de manière que, dans la réunion des carreaux, le côté positif qui forme la surface du premier carreau se trouve à plusieurs pouces de distance de la surface négative du dernier carreau ; chaque surface des extrémités, ainsi que l'expérience le prouve, produira, à des distances assez considérables, des effets aussi sensibles que nos aiguilles aimantées ; quoique le fluide de chaque surface des carreaux des extrémités ne pénètre ces carreaux qu'à une profondeur infiniment petite et que les fluides électriques de toutes les surfaces en contact s'équilibrent mutuellement, puisqu'une des faces étant positive, l'autre est négative. „

Peu d'années après, Avogadro (*) admettait également que les molécules d'un corps non conducteur de l'électricité se polarisaient sous l'influence d'un conducteur chargé. Au témoignage de Mossotti (**) " le professeur Orioli a employé l'induction qui s'exerce d'une molécule à une autre, ou d'une couche mince du disque de verre à une autre, pour expliquer le mode d'action de la machine électrique. „

(*) Avogadro, *Considérations sur l'état dans lequel doit se trouver une couche d'un corps non conducteur de l'électricité lorsqu'elle est interposée entre deux surfaces douées d'électricité de différente espèce* (JOURNAL DE PHYSIQUE, t. LXIII, p. 450, 1806). — *Second Mémoire sur l'Électricité* (JOURNAL DE PHYSIQUE, t. LXV, p. 130, 1807).

(**) Mossotti, *Recherches théoriques sur l'induction électrostatique envisagée d'après les idées de Faraday* (BIBLIOTHÈQUE UNIVERSELLE, ARCHIVES, t. VI, p. 193, 1847).

Mais c'est à Faraday que nous devons les premiers développements étendus sur l'électrisation des corps isolants.

Faraday a pris soin d'indiquer la suite des pensées qui l'ont conduit à imaginer ses hypothèses touchant la constitution des *corps diélectriques.*

« Au cours de la longue suite de recherches expérimentales dans laquelle je me suis engagé, dit-il (*), un résultat général m'a constamment frappé : nous sommes dans la nécessité d'admettre deux forces, ou deux formes ou directions de force, et en même temps, nous sommes dans l'impossibilité de séparer ces deux forces (ou ces deux électricités) l'une de l'autre, soit par les phénomènes de l'électricité statique, soit par les effets des courants. Cette impossibilité dans laquelle nous nous trouvons jusqu'ici, en toutes circonstances, de charger la matière d'une manière absolue, exclusivement de l'une ou de l'autre électricité, m'est demeurée sans cesse présente à l'esprit. J'ai ainsi conçu le désir de rendre plus claire la vue que j'avais acquise au sujet du mécanisme par lequel les pouvoirs électriques et les particules de matière sont en relation; en particulier, sur les actions inductives, qui paraissent être le fondement de toutes les autres; et j'ai entrepris des recherches dans ce but. »

Deux théories ont, par voie d'analogie, guidé Faraday en ses suppositions touchant la polarisation des corps diélectriques : la théorie du magnétisme, et la théorie des actions électrolytiques.

Tout le monde connaît la représentation, imaginée par Grotthuss, de l'état dans lequel se trouve un électrolyte traversé par un courant; chaque molécule y est orientée dans le sens du courant, l'atome électro-positif du côté de l'électrode négative et l'atome électro-négatif du côté de l'électrode positive. Or Faraday est frappé (**) de la ressemblance qu'un voltamètre présente avec un condensateur. Mettez une plaque de glace entre deux feuilles de platine; chargez l'une des feuilles d'électricité positive et l'autre d'électricité négative; vous aurez un condensateur à lame diélec-

---

(*) Faraday, *On induction*, lu à la Société Royale de Londres, le 21 décembre 1837 (PHILOSOPHICAL TRANSACTIONS OF THE ROYAL SOCIETY OF LONDON, 1838, p. 1. — FARADAY'S EXPERIMENTAL RESEARCHES IN ELECTRICITY, série I, vol. I, n° 1163, p. 361).

(**) Faraday, *loc. cit.* (EXPERIMENTAL RESEARCHES, t. I, p. 361).

trique; fondez maintenant la glace; l'eau sera électrolysée; vous aurez un voltamètre. D'où provient cette différence? Simplement de l'état liquide de l'eau qui permet aux ions de se rendre sur les deux électrodes; quant à la polarisation électrique des particules, on doit supposer qu'elle préexiste à leur mobilité, qu'elle est déjà réalisée dans la glace. " Et comme tous les phénomènes présentés par l'électrolyte paraissent dûs à une action des particules placées dans un état particulier de polarisation, j'ai été conduit à supposer que l'induction ordinaire elle-même était, dans tous les cas, une *action de particules contiguës*, et que l'action électrique à distance (c'est-à-dire l'action inductrice ordinaire) ne s'exerçait que par l'intermédiaire de la matière interposée. „

Comment ces particules contiguës s'influencent-elles les unes les autres? Faraday décrit à plusieurs reprises cette action. " L'induction apparait (*) comme consistant en un certain état de polarisation des particules, état dans lequel elles sont mises par le corps électrisé qui exerce l'action; les particules présentent des points ou des parties positives, des points ou des parties négatives; les parties positives et les parties négatives occupent, à la surface induite des particules, deux régions symétriques l'une de l'autre. „

" La théorie (**) suppose que toutes les *particules* d'un corps, aussi bien d'une matière isolante que d'une matière conductrice, sont des conducteurs parfaits; ces particules ne sont pas polarisées dans leur état normal, mais elles peuvent le devenir sous l'influence de particules chargées situées dans leur voisinage; l'état de polarisation se développe instantanément, exactement comme dans une *masse* conductrice isolée formée d'un grand nombre de particules. „

" ...... Les particules d'un diélectrique isolant soumis à l'induction peuvent se comparer à une série de petites aiguilles magnétiques ou, plus correctement encore, à une série de petits conducteurs isolés. Considérons l'espace qui entoure un globe électrisé; remplissons-le d'un diélectrique isolant, comme l'air ou

---

(*) Faraday, *loc. cit.* (Experimental Researches, vol. I, p. 409).

(**) Faraday, *Nature of the electric force or forces*, lu à la Société Royale de Londres, le 21 juin 1838 (Philosophical Transactions of the Royal Society of London, 1838, pp. 265 à 282. — Experimental Researches, série XIV, vol. I, p. 534).

l'essence de térébenthine, et parsemons-le de petits conducteurs globulaires, de telle sorte que de petites distances seulement les séparent les uns des autres et du globe électrisé; chacun d'eux est ainsi isolé; l'état et l'action de ces particules ressembleront exactement à l'état et à l'action des particules d'un diélectrique isolé, tels que je les conçois. Lorsque le globe sera chargé, les petits conducteurs seront tous polarisés; lorsque le globe sera déchargé, les petits conducteurs retourneront tous à leur état normal, pour se polariser de nouveau si le globe est rechargé. „

Il est clair que Faraday imagine la constitution des corps diélectriques à l'exacte ressemblance de celle que Coulomb et Poisson ont attribuée aux corps magnétiques; il ne paraît pas, toutefois, que Faraday ait songé à rapprocher de ses idées sur la polarisation électrique les conséquences auxquelles la théorie de l'aimantation par influence avait conduit Poisson.

Ce rapprochement se trouve indiqué pour la première fois, d'une manière succincte, mais très nette, dans un des premiers écrits de W. Thomson (*). " Il faut donc, dit-il, qu'il y ait une action tout à fait spéciale dans l'intérieur des corps *diélectriques* solides, pour produire cet effet. Il est probable que ce phénomène se trouverait expliqué en attribuant au corps une action semblable à celle qui aurait lieu s'il n'y avait pas d'action diélectrique dans le milieu isolant et s'il y avait un très grand nombre de petites sphères conductrices réparties uniformément dans ce corps. Poisson a montré que l'action électrique, dans ce cas, serait tout à fait semblable à l'action magnétique du fer doux sous l'influence des corps magnétisés. En s'appuyant sur les théorèmes qu'il a donnés relativement à cette action, on parvient aisément à démontrer que si l'espace entre A et B est rempli d'un milieu ainsi constitué, les surfaces d'équilibre seront les mêmes que quand il n'y a qu'un milieu isolant sans pouvoir diélectrique, mais que le potentiel dans l'intérieur de A sera plus petit que dans le dernier cas, dans un rapport qu'il est facile de déterminer d'après les données relatives

---

(*) W. Thomson, *Note sur les lois élémentaires de l'électricité statique* (JOURNAL DE LIOUVILLE, t. X, p. 220, 1845. — Reproduit, avec des développements, sous le titre : *On the elementary laws of statical electricity*, dans CAMBRIDGE AND DUBLIN MATHEMATICAL JOURNAL, nov. 1845, et dans les PAPERS ON ELECTROSTATICS AND MAGNETISM, art. II, sect. 25).

a l'état du milieu isolant. Cette conclusion paraît être suffisante pour expliquer les faits que M. Faraday a observés relativement aux milieux diélectriques... „

Vers la même époque, la Société italienne des sciences, de Modène, mit au concours la question suivante :

" En prenant pour point de départ les idées de Faraday sur l'induction électrostatique, donner une théorie physico-mathématique de la distribution de l'électricité sur les conducteurs de forme diverse. „

Il suffit à Mossotti (*), pour résoudre le problème, de faire subir une sorte de transposition aux formules que Poisson avait obtenues dans l'étude du magnétisme ; cette transposition fut ensuite complétée par Clausius (**).

Accepter les idées de Faraday, de Mossotti et de Clausius sur la constitution des corps diélectriques paraît aussi difficile aujourd'hui que d'admettre les suppositions de Coulomb et de Poisson au sujet des corps magnétiques ; mais il est aisé de faire subir à la théorie de la polarisation une modification analogue à celle que W. Thomson a fait subir à la théorie de l'aimantation ; c'est d'une théorie ainsi débarrassée de toute considération sur les molécules polarisées que H. von Helmholtz fait usage (***).

Précisons les fondements de cette théorie.

Au début de l'étude de l'électrostatique, deux espèces de gran-

---

(*) Mossotti, *Discussione analitica sull' influenza che l'azzione di un mezzo dielettrico ha sulla distribuzione dell' elettricità alla superfizie dei piu corpi elettrici disseminati in esso* (MÉMOIRES DE LA SOCIÉTÉ ITALIENNE DE MODÈNE, t. XXIV, p. 49, 1850). — Extraits du même (BIBLIOTHÈQUE UNIVERSELLE, ARCHIVES, t. VI, p. 357, 1847). — *Recherches théoriques sur l'induction électrostatique envisagée d'après les idées de Faraday* (BIBLIOTHÈQUE UNIVERSELLE, ARCHIVES, t. VI, p. 193; 1847).

(**) R. Clausius, *Sur le changement d'état intérieur qui a lieu, pendant la charge, dans la couche isolante d'un carreau de Franklin ou d'une bouteille de Leyde, et sur l'influence de ce changement sur le phénomène de la décharge* (ABHANDLUNGENSAMMLUNG ÜBER DIE MECHANISCHE THEORIE DER WARME, Bd. II, ZUSATZ ZU ABHANDL. X, 1867. — THÉORIE MÉCANIQUE DE LA CHALEUR, traduite en français par F. Folie, t. II, ADDITION AU MÉMOIRE, X, 1869).

(***) H. Helmholtz, *Ueber die Bewegungsgleichungen der Elektricität für ruhende leitende Körper*, § 8 (BORCHARDT'S JOURNAL FÜR REINE UND ANGEWANDTE MATHEMATIK, Bd. LXXII, p. 114, 1870. — WISSENSCHAFTLICHE ABHANDLUNGEN, Bd. I, p. 611).

deurs non dirigées suffisaient à définir la distribution électrique sur un corps ; ces deux grandeurs étaient la *densité électrique solide* σ en chaque point intérieur au corps et la *densité électrique superficielle* Σ en chaque point de la surface du corps ; encore les fondateurs de l'électrostatique ramenaient-ils cette notion-ci à celle-là ; ils regardaient la surface du corps comme portant une couche électrique très mince, mais non pas infiniment mince.

Plus tard l'étude des chutes brusques de niveau potentiel au contact de deux conducteurs différents conduisit à introduire une troisième grandeur non dirigée, irréductible aux précédentes, le *moment d'une double couche* en chaque point de la surface de contact des deux conducteurs.

Ces trois espèces de grandeurs ne suffisent plus à représenter complètement la distribution électrique sur un système lorsque ce système renferme des corps mauvais conducteurs ; pour parfaire la représentation d'un semblable système, il faut faire usage d'une grandeur nouvelle, grandeur dirigée qui est affectée à chaque point d'un corps diélectrique et que l'on nomme l'*intensité de polarisation* en ce point.

Un corps diélectrique est donc un corps qui présente en chaque point une intensité de polarisation, définie en grandeur et en direction, comme un corps magnétique est un corps qui présente en chaque point une intensité d'aimantation, définie en grandeur et en direction ; les hypothèses élémentaires auxquelles on soumet l'intensité de polarisation sont, d'ailleurs, calquées sur les hypothèses élémentaires qui caractérisent l'intensité d'aimantation ; une seule hypothèse, essentielle il est vrai, est propre à l'intensité de polarisation ; cette hypothèse, à laquelle on est nécessairement conduit par la manière dont Faraday et ses successeurs ont représenté la constitution des diélectriques, est la suivante :

Un élément diélectrique, de volume dω, dont l'intensité de polarisation a pour composantes A, B, C, *exerce sur une charge électrique,* PLACÉE A DISTANCE FINIE, *la même action que deux charges électriques égales l'une à* μ, *l'autre à* — μ, *placées la première en un point* M *de l'élément dω, la seconde en un point* M' *du même élément, de telle sorte que la direction* M'M *soit celle de la polarisation et que l'on ait l'égalité*

$$\mu \, . \, \overline{MM'} = (A^2 + B^2 + C^2)^{\frac{1}{2}} \, d\omega.$$

Au contraire, on admet qu'*un élément magnétique n'agit pas sur une charge électrique.*

Avant de résumer les conséquences que l'on peut tirer de ces hypothèses, insistons un instant encore sur la transformation qu'ont subie les suppositions émises par les fondateurs de l'électrostatique.

Quatre espèces de grandeurs : la densité électrique solide, la densité électrique superficielle, le moment d'une couche double, l'intensité de polarisation, sont employées aujourd'hui à représenter la distribution électrique sur un système. Les fondateurs de l'électrostatique, Coulomb, Laplace, Poisson, ne faisaient usage que d'une seule de ces grandeurs, la densité électrique solide ; ils l'admettaient volontiers dans leurs théories, parce qu'ils parvenaient sans peine à l'imaginer comme la densité d'un certain fluide ; à cette grandeur, ils réduisaient les trois autres. Au lieu de regarder comme sans épaisseur la couche électrique qui recouvre un corps et de lui attribuer une densité superficielle, ils l'imaginaient comme une couche d'une épaisseur finie, quoique très petite, au sein de laquelle l'électricité avait une densité solide finie, quoique très grande ; deux telles couches, identiques au signe près de l'électricité dont elles sont formées, placées à une petite distance l'une de l'autre, remplaçaient notre double couche actuelle, sans épaisseur ; enfin, au lieu de concevoir, en chaque point d'un diélectrique, une intensité de polarisation définie en grandeur et en direction, ils y plaçaient une particule conductrice recouverte d'une couche électrique qui contenait autant de fluide positif que de fluide négatif.

Aujourd'hui, nous ne demandons plus aux théories physiques un mécanisme simple et facile à imaginer, qui *explique* les phénomènes ; nous les regardons comme des constructions rationnelles et abstraites qui ont pour but de symboliser un ensemble de lois expérimentales ; dès lors, pour *représenter* les *qualités* que nous étudions, nous admettons sans difficulté dans nos théories des grandeurs d'une nature quelconque, pourvu seulement que ces grandeurs soient nettement définies ; peu importe que l'imagination saisisse ou non les propriétés signifiées par ces grandeurs ; par exemple, les notions d'intensité d'aimantation, d'intensité de polarisation, demeurent inaccessibles à l'imagination, qui saisit fort bien, au contraire, les corpuscules magnétiques de Poisson, les corpuscules électriques de Faraday, recouverts, à leurs deux extrémités, par des couches fluides de signes opposés ; mais la notion d'intensité de polarisation implique un bien moins grand nombre d'hypothèses arbitraires que la notion de particule polarisée ; elle est plus complètement dégagée de toute supposition sur la constitution de la matière ; substituant la continuité à la discontinuité, elle prête à des calculs plus simples et plus rigoureux ; nous lui devons la préférence.

§ 3. *Propositions essentielles de la théorie des diélectriques*

Les principes que nous avons analysés permettent de développer une théorie complète de la distribution électrique sur les systèmes formés de corps conducteurs et de corps diélectriques. Indiquons brièvement, et sans aucune démonstration (*), les propositions essentielles dont nous aurons à faire usage par la suite.

Imaginons deux petits corps, placés à la distance r l'un de l'autre et portant des quantités q et q' d'électricité ; concevons ces deux petits corps placés non pas dans l'*éther*, c'est-à-dire dans ce que contiendrait un récipient où l'on aurait fait le vide physique, mais dans le *vide absolu*, c'est-à-dire dans un milieu identique à l'espace des géomètres, ayant longueur, largeur et profondeur, mais dénué de toute propriété physique, en particulier du pouvoir de s'aimanter ou de se polariser. La distinction est d'importance ; en effet, nous avons vu que l'existence des corps diamagnétiques serait contradictoire si l'on n'attribuait à l'éther la faculté de s'aimanter, selon l'hypothèse émise par Edmond Becquerel ; et, depuis Faraday, tous les physiciens s'accordent pour attribuer à l'éther la polarisation diélectrique.

Par une extension des lois de Coulomb (l'expérience vérifie ces lois pour des corps placés dans l'air, mais n'est point concevable pour des corps placés dans le vide absolu), nous admettrons que ces deux petits corps se repoussent avec une force

$$(8) \qquad F = \epsilon \frac{qq'}{r^2},$$

ϵ étant une certaine constante positive.

(*) Le lecteur pourra trouver ces démonstrations dans nos Leçons sur l'Électricité et le Magnétisme, t. II, 1892.

Supposons qu'un ensemble de corps électrisés soit placé dans l'espace et soit

$$(9) \qquad V = \sum \frac{q}{r}$$

leur *fonction potentielle*. En un point quelconque (x, y, z) *extérieur* aux conducteurs électrisés, ou *intérieur* à l'un d'entre eux, une charge électrique μ subit une action dont les composantes sont μX, μY, μZ et l'on a

$$(10) \qquad X = -\,\epsilon\frac{\delta V}{\delta x}, \quad Y = -\,\epsilon\frac{\delta V}{\delta y}, \quad Z = -\,\epsilon\frac{\delta V}{\delta z}.$$

Imaginons maintenant un ensemble de corps diélectriques polarisés; soient dw_1 un élément diélectrique, (x_1, y_1, z_1) un point de cet élément et A_1, B_1, C_1 les composantes de la polarisation au point (x_1, y_1, z_1).

$$(11) \qquad \bar{V}\,(x, y, z) = \int \left(A_1\,\frac{\delta\frac{1}{r}}{\delta x_1} + B_1\,\frac{\delta\frac{1}{r}}{\delta y_1} + C_1\,\frac{\delta\frac{1}{r}}{\delta z_1} \right) dw_1,$$

formule où l'intégration s'étend à l'ensemble des diélectriques polarisés, définit, au point (x, y, z), la *fonction potentielle* de cet ensemble. Dans cette formule (11), qui rappelle exactement l'expression (1) de la fonction potentielle magnétique, r est la distance mutuelle des deux points (x, y, z), (x_1, y_1, z_1).

Le champ électrostatique créé, au point (x, y, z), par les diélectriques, a pour composantes

$$(12) \qquad \bar{X} = -\,\epsilon\frac{\delta \bar{V}}{\delta x}, \quad Y = -\,\epsilon\frac{\delta \bar{V}}{\delta y}, \quad Z = -\,\epsilon\frac{\delta \bar{V}}{\delta z}.$$

La fonction potentielle $\bar{V}$, définie par l'égalité (11), est identique à la fonction potentielle électrostatique que définit la formule (9) appliquée à une certaine *distribution électrique fictive;* en cette distribution fictive, chaque point (x, y, z) intérieur au diélectrique polarisé est affecté d'une densité solide

$$(13) \qquad e = - \left(\frac{\delta A}{\delta x} + \frac{\delta B}{\delta y} + \frac{\delta C}{\delta z} \right)$$

et chaque point de la surface de contact de deux corps polarisés différents, désignés par les indices 1 et 2, correspond à une densité superficielle

$$(14) \quad E = - [A_1 \cos (N_1, x) + B_1 \cos (N_1, y) + C_1 \cos (N_1, z)$$
$$+ A_2 \cos (N_2, x) + B_2 \cos (N_2, y) + C_2 \cos (N_2, z)].$$

Si l'un des deux corps, le corps 2 par exemple, est incapable de polarisation diélectrique, il suffit, dans la formule précédente, de supprimer les termes en A_2, B_2, C_2.

On voit qu'en tout point intérieur à un diélectrique continu, on a

$$(15) \qquad \Delta \overline{V} = - 4\pi e = 4\pi \left(\frac{\delta A}{\delta x} + \frac{\delta B}{\delta y} + \frac{\delta C}{\delta z} \right),$$

tandis qu'en tout point de la surface de contact de deux diélectriques, on a

$$(16) \qquad \frac{\delta \overline{V}}{\delta N_1} + \frac{\delta \overline{V}}{\delta N_2} = - 4\pi E$$
$$= 4\pi [A_1 \cos (N_1, x) + B_1 \cos (N_1, y) + C_1 \cos (N_1, z)$$
$$+ A_2 \cos (N_2, x) + B_2 \cos (N_2, y) + C_2 \cos (N_2, z)].$$

Considérons un système où tous les corps susceptibles d'être électrisés sont des corps bons conducteurs, homogènes et non décomposables par électrolyse, et où tous les corps susceptibles d'être polarisés sont des diélectriques parfaitement doux; sur un pareil système, l'équilibre électrique sera assuré par les conditions suivantes :

1° En chacun des corps conducteurs, on a

$$(17) \qquad V + \overline{V} = \text{const.}$$

2° En chaque point d'un diélectrique, on a

$$(18) \quad \left\{ \begin{aligned} A &= -\ \epsilon F(M) \frac{\delta}{\delta x} (V + \bar{V}), \\ B &= -\ \epsilon F(M) \frac{\delta}{\delta y} (V + \bar{V}), \\ C &= -\ \epsilon F(M) \frac{\delta}{\delta z} (V + \bar{V}). \end{aligned} \right.$$

Dans ces formules,

$$M = (A^2 + B^2 + C^2)^{\frac{1}{2}}$$

est l'intensité de polarisation au point (x, y, z) et $F(M)$ est une fonction essentiellement positive de M; cette fonction dépend de la nature du diélectrique au point (x, y, z); d'un point à l'autre, elle varie d'une manière continue ou discontinue selon que la nature et l'état du corps varient d'une manière continue ou discontinue.

On se contente, en général, à titre de première approximation, de remplacer $F(M)$ par un *coefficient de polarisation* F, indépendant de l'intensité M de la polarisation; moyennant cette approximation, les égalités (18) deviennent

$$(19) \quad \left\{ \begin{aligned} A &= -\ \epsilon F \frac{\delta}{\delta x} (V + \bar{V}), \\ B &= -\ \epsilon F \frac{\delta}{\delta y} (V + \bar{V}), \\ C &= -\ \epsilon F \frac{\delta}{\delta z} (V + \bar{V}). \end{aligned} \right.$$

Il en découle immédiatement deux relations qui auront, dans toute cette étude, une grande importance.

En premier lieu, comparées à l'égalité (13), les égalités (19) montrent que l'on a, en tout point d'un milieu diélectrique continu, l'égalité

$$(20) \quad \epsilon \frac{\delta}{\delta x} \left[F \frac{\delta(V+\bar{V})}{\delta x} \right] + \epsilon \frac{\delta}{\delta y} \left[F \frac{\delta(V+\bar{V})}{\delta y} \right] + \epsilon \frac{\delta}{\delta z} \left[F \frac{\delta(V+\bar{V})}{\delta z} \right] =$$

En second lieu, comparées à égalité (14), les égalités (19) montrent qu'en tout point de la surface de contact de deux milieux différents, on a

$$(21) \qquad \epsilon F_1 \frac{\delta (V + \bar{V})}{\delta N_1} + \epsilon F_2 \frac{\delta (V + \bar{V})}{\delta N_2} = E.$$

De ces égalités, tirons de suite quelques conséquences importantes. Dans le cas où on l'applique à un diélectrique homogène, la formule (20) devient

$$\epsilon F \Delta (V + \bar{V}) = e.$$

Cette égalité, jointe à l'égalité (15) et à l'égalité

$$\Delta V = 0,$$

vérifiée en tout point où il n'y a pas d'électricité réelle, donne l'égalité

$$(1 + 4\pi\epsilon F) \Delta (V + \bar{V}) = 0$$

et comme F est essentiellement positif, cette égalité donne, à son tour,

$$(22) \qquad \Delta (V + \bar{V}) = 0$$

et

$$(23) \qquad e = 0.$$

De là cette proposition, démontrée par Poisson dans le cas de l'aimantation par influence et transportée par W. Thomson et par Mossotti au cas des diélectriques :

Lorsqu'un corps diélectrique, homogène et parfaitement doux, est polarisé par influence, la distribution électrique fictive qui équivaudrait à la polarisation de ce corps est une distribution purement superficielle.

Imaginons maintenant qu'un diélectrique 1 soit en contact, le long d'une certaine surface, avec un corps 2, conducteur, mais incapable de toute polarisation. A chaque point de cette surface, correspondent deux densités électriques superficielles : u... densité *réelle* Σ et une densité *fictive* E; aux égalités (16) et (21), nous pouvons joindre l'égalité bien connue

$$\frac{\delta V}{\delta N_1} + \frac{\delta V}{\delta N_2} = - 4\pi\Sigma$$

ainsi que l'égalité

$$\frac{\delta V}{\delta N_2} + \frac{\delta \bar{V}}{\delta N_2} = 0,$$

qui découle de la condition (17); nous obtenons ainsi l'égalité

(24) $\qquad 4\pi\epsilon F_1\Sigma + (1 + 4\pi\epsilon F_1)\, E = 0.$

A la surface de contact d'un conducteur et d'un diélectrique, la densité de la couche électrique réelle Σ est à la densité de la couche électrique fictive E dans un rapport $\left(-\dfrac{1 + 4\pi\epsilon F}{4\pi\epsilon F}\right)$ *négatif, plus grand que 1 en valeur absolue et dépendant uniquement de la nature du diélectrique.*

Les formules et les théorèmes que nous venons de passer rapidement en revue permettent de mettre en équations et de traiter les problèmes que soulève l'étude des diélectriques. Deux de ces problèmes joueront un grand rôle dans les discussions qui vont suivre; il importe donc d'en rappeler en quelques mots la solution.

Le premier de ces problèmes concerne le condensateur.

Imaginons un condensateur clos. En tout point de l'armature interne, la somme $(V + \bar{V})$ a la même valeur U_1, tandis qu'en tout point de l'armature externe, elle a la valeur U_0. L'intervalle compris entre les deux armatures est occupé en entier par un diélectrique homogène D dont F est le coefficient de polarisation. On démontre sans peine que, dans ces conditions, l'armature interne se couvre d'une charge électrique réelle Q donnée par la formule

$$Q = \frac{1 + 4\pi\epsilon F}{4\pi} \, \Lambda \, (U_1 - U_0),$$

A étant une quantité qui dépend uniquement de la forme géométrique de l'espace compris entre les deux armatures. La *capacité du condensateur*, c'est-à-dire le rapport

$$C = \frac{Q}{\epsilon\,(U_1 - U_0)},$$

a pour valeur

$$(25) \qquad C = \frac{1 + 4\pi\epsilon F}{4\pi\epsilon}\,A.$$

Prenons un condensateur de forme identique au précédent et coulons entre les armatures de ce condensateur un nouveau diélectrique D', ayant un coefficient de polarisation F'; la capacité de ce second condensateur aura pour valeur

$$C' = \frac{1 + 4\pi\epsilon F'}{4\pi\epsilon}\,A.$$

Comme Cavendish l'a fait, dès 1771, dans des recherches (*) restées cent ans inédites, comme Faraday (**) l'a exécuté de nouveau dès 1837, déterminons expérimentalement le rapport de la capacité du second condensateur à la capacité du premier; le résultat de cette mesure sera le nombre

$$(26) \qquad \frac{C'}{C} = \frac{1 + 4\pi\epsilon F'}{1 + 4\pi\epsilon F}.$$

Ce nombre dépendra uniquement de la nature des deux diélectriques D et D'; à ce nombre, on donne le nom de *pouvoir inducteur spécifique du diélectrique D', relatif au diélectrique D*.

Par définition, le *pouvoir inducteur spécifique absolu* d'un diélectrique D est le nombre $(1 + 4\pi\epsilon F)$; pour un milieu impolarisable il est égal à 1.

(*) *The electrical Researches of the honourable* Henry Cavendish, F. R. S., written between 1771 and 1781; edited by J. Clerk Maxwell (Cambridge).

(**) Faraday, EXPERIMENTAL RESEARCHES IN ELECTRICITY, série XI, *On induction;* § 5. *On specific induction, on specific inductive capacity.* Lu à la Société Royale de Londres le 21 décembre 1837.

La considération du second problème s'impose de la manière la plus stricte du moment que l'on regarde l'éther comme susceptible de polarisation diélectrique.

L'électrostatique tout entière est construite en supposant que les corps conducteurs ou diélectriques sont isolés dans le vide absolu ; si l'on admet l'hypothèse dont nous venons de parler, une telle électrostatique est une pure abstraction, incapable de donner une image de la réalité ; mais, par une circonstance heureuse, on peut très simplement transformer cette électrostatique en une autre où l'espace illimité, qui était vide en la première, se trouve rempli par un éther homogène, incompressible et polarisable.

Soit F_0 le coefficient de polarisation de ce milieu dans lequel sont plongés les corps étudiés. Ces corps sont des conducteurs homogènes chargés d'électricité et des diélectriques parfaitement doux. Quelle sera la distribution électrique sur un tel système en équilibre ? Quelles forces solliciteront les divers corps dont il se compose ?

La règle suivante réduit à l'électrostatique classique la solution de ces questions :

Remplacez l'éther polarisable par le vide ; à chaque corps conducteur, laissez la charge électrique totale qu'il porte en réalité ; à chaque diélectrique, attribuez un coefficient de polarisation fictif φ, égal à l'excès de son coefficient réel de polarisation F sur le coefficient de polarisation F_0 de l'éther :

$$(27) \qquad \varphi = F - F_0 ;$$

enfin, remplacez la constante ϵ par une constante fictive

$$(28) \qquad \epsilon' = \frac{\epsilon}{1 + 4\pi\epsilon F_0}.$$

Vous obtiendrez un système fictif correspondant au système réel qui a été donné.

La distribution électrique sur les corps conducteurs sera la même dans le système fictif que dans le système réel.

Les actions pondéromotrices seront les mêmes dans le système fictif que dans le système réel.

Quant à la polarisation en chaque point de l'un des corps diélec-

triques autre que l'éther, elle a la même direction dans le système fictif et dans le système réel ; mais, pour obtenir sa grandeur dans le second système, il faut multiplier la grandeur qu'elle a dans le premier par $\dfrac{F}{F - F_0}$.

§ 4. *L'idée particulière de Faraday*

Des idées de Faraday sur la polarisation nous avons extrait jusqu'ici ce qu'il y a de plus général, ce qui a donné naissance à la théorie des diélectriques. Ces idées générales sont loin de représenter, dans sa plénitude, la pensée de Faraday. Faraday professait, en outre, une opinion très particulière sur la relation qui existe entre la charge électrique qui recouvre un conducteur et la polarisation du milieu diélectrique dans lequel ce conducteur est plongé. Cette opinion de Faraday n'avait point échappé à Mossotti, qui l'avait adoptée; en revanche, elle semble n'avoir frappé aucun physicien contemporain; Heinrich Hertz (*) a exposé cette opinion, en observant qu'elle est un cas limite de la théorie de Helmholtz, déjà signalé par ce grand physicien ; mais ni Helmholtz, ni Hertz, ne l'ont attribuée à Faraday et à Mossotti.

Pour qui lit Faraday avec une minutieuse attention, il est clair qu'il admettait la loi suivante :

Lorsqu'un milieu diélectrique se polarise sous l'action de conducteurs électrisés, en chaque point de la surface de contact d'un conducteur et du diélectrique, la densité de la couche superficielle fictive qui recouvre le diélectrique est ÉGALE ET DE SIGNE CONTRAIRE *à la densité de la couche électrique réelle qui recouvre le conducteur :*

$$(29) \qquad\qquad E + \Sigma = 0.$$

" Lorsque j'emploie le mot *charge* dans son sens le plus simple, écrit Faraday au Dr Hare (**), j'entends qu'un corps *peut* être

---

(*) Heinrich Hertz, *Untersuchungen über die Ausbreitung der elektrischen Kraft. Einleitende Uebersicht;* Leipzig, 1892. — Traduit en français par M. Raveau (LA LUMIÈRE ÉLECTRIQUE, t. XLIV, pp. 285, 335 et 387; 1892).

(**) Faraday, *An Answer to Dr Hare's Letter on certain theoretical Opinions* (SILLIMANN'S JOURNAL. vol. XXXIX, p. 108; 1840. — EXPERIMENTAL RESEARCHES IN ELECTRICITY, vol. II, p. 268; Londres, 1844).

chargé de l'une ou de l'autre électricité, pourvu qu'on le considère seulement en lui-même ; mais j'admets qu'une telle charge ne saurait exister sans induction, c'est-à-dire indépendamment du développement d'une quantité égale de l'autre électricité, non pas sur le corps chargé lui-même, mais dans les particules immédiatement voisines du diélectrique qui l'entoure, et, par l'intermédiaire de celles-ci, sur les particules en regard des corps conducteurs non isolés qui l'environnent et qui, dans cette circonstance, arrêtent, pour ainsi dire, cette induction particulière. „

C'est d'ailleurs à l'existence, au voisinage immédiat l'une de l'autre, de ces deux couches, égales en densité et de signes contraires, qu'est due, pour Faraday, la possibilité de maintenir une couche électrique à la surface d'un conducteur.

Puisque la théorie suppose parfaitement isolant le milieu qui entoure le corps conducteur, il n'y a pas lieu de chercher quelle force maintient la couche électrique adhérente à la surface du conducteur ; ce qui l'y maintient, c'est la propriété attribuée au milieu de ne pouvoir livrer passage à l'électricité ; si l'on peut parler de la *pression* que le milieu exerce sur l'électricité pour la maintenir, c'est au sens où l'on parle en mécanique de force de liaison ; cette pression est l'action électromotrice qu'il *faudrait* appliquer à la couche électrique pour qu'elle demeurât à la surface du conducteur, *si le milieu cessait d'être isolant ;* cette idée semble avoir été très nettement aperçue par Poisson (*) : " La pression, dit-il, que le fluide exerce contre l'air qui le contient est en raison composée de la force répulsive et de l'épaisseur de la couche ; et puisque l'un de ces éléments est proportionnel à l'autre, il s'ensuit que la pression varie à la surface d'un corps électrisé et qu'elle est proportionnelle au carré de l'épaisseur ou de la quantité d'électricité accumulée en chaque point de cette surface. L'air imperméable à l'électricité doit être regardé comme un vase dont la forme est déterminée par celle du corps électrisé ; le fluide que ce vase contient exerce contre ses parois des pressions

---

(*) S. D. Poisson, *Mémoire sur la distribution de l'électricité à la surface des corps conducteurs,* lu à l'Académie des sciences le 9 mai et le 3 août 1812 (MÉMOIRES DE LA CLASSE DES SCIENCES MATHÉMATIQUES ET PHYSIQUES pour l'année 1811, MÉMOIRES DES SAVANTS ÉTRANGERS, p. 6).

différentes en différents points, de telle sorte que la pression qui a lieu en certains points est quelquefois très grande et comme infinie par rapport à celle que d'autres éprouvent. Dans les endroits où la pression du fluide vient à surpasser la résistance que l'air lui oppose, l'air cède, ou, si l'on veut, le vase crève, et le fluide s'écoule comme par une ouverture. C'est ce qui arrive à l'extrémité des pointes et sur les arêtes vives des corps anguleux. „

Faraday ne comprend pas la pensée de Poisson ; il confond la résistance que l'air oppose à l'échappement de l'électricité, en vertu de sa non conductibilité, avec la *pression atmosphérique*, c'est-à-dire avec la résistance que ce même air oppose au mouvement des masses matérielles, en vertu de sa pesanteur et de son inertie ; et, triomphant sans peine de l'explication ainsi interprétée, il en tire avantage pour sa théorie qui attribue à l'action de la couche répandue sur le diélectrique l'équilibre de la couche recouvrant le conducteur :

« Sur ce point, dit-il (*), je pense que mes vues sur l'induction ont un avantage marqué sur toutes les autres et, en particulier, sur celle qui attribue à la *pression de l'atmosphère* la rétention de l'électricité à la surface des conducteurs placés dans l'air. Cette manière de voir est celle qui a été adoptée par Poisson et Biot, et je la crois généralement reçue ; cette théorie associe par de grossières relations mécaniques, par l'intermédiaire d'une pression purement statique, deux éléments aussi dissemblables que l'air pondérable d'une part et que, d'autre part, le ou les fluides électriques, fluides subtils et, d'ailleurs, hypothétiques. „ ... « Cela nous fournit une nouvelle preuve (**) que la seule pression de l'atmosphère ne suffit pas à prévenir ou à gouverner la décharge, mais que ce rôle appartient à une qualité ou relation électrique du milieu gazeux. C'est, par conséquent, un nouvel argument pour la théorie moléculaire de l'action inductive. „

D'ailleurs, un lecteur attentif des *Recherches expérimentales sur l'électricité* reconnaît aisément, dans l'hypothèse que nous déve-

---

(*) Faraday, Experimental Researches in Electricity, série XII, *On Induction*, vol. I, p. 438.

(**) Faraday, *Ibid.*, p. 445.

loppons en ce moment, ce que Faraday entend énoncer lorsqu'il affirme que l'action électrique ne s'exerce pas à distance, mais seulement entre particules contiguës; il veut certainement dire par là qu'aucune quantité d'électricité ne peut se développer à la surface d'une molécule matérielle sans qu'une charge égale et de signe contraire se développe sur la face en regard d'une autre molécule extrêmement voisine.

C'est bien ainsi que Mossotti a compris la pensée de Faraday :

" Ce physicien, dit-il (*), considérant l'état de polarisation moléculaire électrique, pense qu'il doit exister deux systèmes de forces opposées qui alternent rapidement et se dissimulent alternativement dans l'intérieur du corps diélectrique, mais qui doivent manifester deux effets spéciaux et opposés aux extrémités de ce même corps. D'un côté, par l'action simultanée des deux systèmes de forces qui se développent dans le corps diélectrique, il naît, dans chaque point de la couche électrique qui recouvre le corps excité, une force égale et contraire à celle avec laquelle la même couche tend à expulser ses atomes ; et l'opposition de ces deux forces fait que le fluide qui compose la couche est retenu sur la superficie du corps électrique. Du côté opposé, où le corps diélectrique·touche ou enveloppe les surfaces des autres corps électriques environnants, il déploie une force d'une espèce analogue à celle du corps électrisé et au moyen de laquelle ces surfaces sont amenées à l'état électrique contraire. „ Mossotti, ayant démontré l'existence des couches superficielles qui équivalent à un diélectrique polarisé par influence, ajoute (**) : " Ces couches qui représenteraient, aux limites du corps diélectrique, les effets non neutralisés des deux systèmes réciproques de forces intérieures, exercent, sur la surface des corps conducteurs environnants, des actions équivalentes à celles que les couches électriques propres de ces mêmes corps exerceraient directement entre elles sans l'intervention du corps diélectrique. Ce théorème nous donne la conclusion principale de la question que nous

---

(*) Mossotti, *Recherches théoriques sur l'induction électrostatique envisagée d'après les idées de Faraday* (BIBLIOTHÈQUE UNIVERSELLE, ARCHIVES. t. VI, p. 194 ; 1847).

(**) Mossotti, *Ibid.*, p. 196.

nous étions proposée. Le corps diélectrique, par le moyen de la polarisation des atmosphères de ses molécules, ne fait que transmettre de l'un à l'autre corps l'action entre les corps conducteurs, neutralisant l'action électrique sur l'un et transportant sur l'autre une action égale à celle que le premier aurait exercée directement. „

Si l'on observe que pour Faraday et pour Mossotti, les mots *action électrique, force électrique,* sont à chaque instant pris comme synonymes de *charge électrique, densité électrique,* on ne peut pas ne pas reconnaître, dans les passages que nous venons de citer, l'hypothèse que traduit l'égalité (29). Nous pourrons donc dire que cette égalité exprime l'*hypothèse particulière de Faraday et de Mossotti.*

Prise en toute rigueur, cette hypothèse n'est pas compatible avec les principes sur lesquels repose la théorie de la polarisation diélectrique ; nous avons vu, en effet, comme conséquence de l'égalité (24), que la densité de la couche électrique réelle répandue à la surface d'un corps conducteur avait toujours une plus grande valeur absolue que la densité, au même point, de la couche électrique fictive qui équivaudrait à la polarisation du diélectrique contigu.

Mais cette même égalité (24) nous enseigne que l'hypothèse de Faraday et de Mossotti, inacceptable si on la prend à la rigueur, peut être approximativement vraie ; c'est ce qui arrive si ϵF_1 a une valeur très grande par rapport à $\dfrac{1}{4\pi}$.

On peut donc dire que l'*hypothèse de Faraday et de Mossotti représentera une loi approchée si le nombre abstrait* ϵF *a, pour tous les diélectriques, une valeur numérique extrêmement grande.*

Examinons les conséquences auxquelles conduit cette supposition.

La capacité d'un condensateur à lame d'air ne varie guère lorsqu'on fait, en ce condensateur, un vide aussi parfait que possible ; on peut donc admettre que le pouvoir inducteur spécifique de l'air par rapport à l'éther ne surpasse guère l'unité ou que le nombre $(1 + 4\pi\epsilon F)$ relatif à l'air peut être substitué au nombre $(1 + 4\pi\epsilon F_0)$ relatif à l'éther.

Prenons deux charges électriques Q et Q' placées dans l'éther (pratiquement dans l'air) et soit r la distance qui les sépare; ces charges se repoussent avec une force qui a pour valeur

$$(30) \qquad R = \frac{\epsilon}{1 + 4\pi\epsilon F_0} \frac{QQ'}{r^2}.$$

Si l'on admet l'hypothèse de Faraday et de Mossotti, cette valeur diffère peu de

$$(31) \qquad R = \frac{1}{4\pi F_0} \frac{QQ'}{r^2}.$$

Supposons que l'on se serve du système d'unités électromagnétiques C. G. S.; que les nombres Q, Q', r, qui mesurent, dans ce système, les charges et leurs distances, soient des nombres de grandeur modérée; qu'ils soient, par exemple, tous trois égaux à 1. L'expérience nous montre que la force répulsive n'est pas mesurée par un nombre extrêmement petit, mais, au contraire, par un grand nombre; le coefficient de polarisation F_0 de l'éther ne peut donc pas être regardé comme ayant une très grande valeur en système électromagnétique C. G. S.; l'hypothèse de Faraday entraîne alors la proposition suivante :

En système électromagnétique C. G. S., la constante ϵ a une valeur extrêmement grande; chaque formule pourra être remplacée par la forme limite que l'on obtient lorsque l'on y fait croître ϵ au delà de toute limite.

L'expérience dont nous venons de parler nous renseigne, d'ailleurs, sur la valeur de F_0. La répulsion de deux charges représentées par le nombre 1 dans le système électromagnétique C. G. S., placées à un centimètre de distance l'une de l'autre, est mesurée sensiblement par le même nombre que le *carré de la vitesse de la lumière*, c'est-à-dire par le nombre 9×10^{22}; si donc l'on admet l'hypothèse de Faraday, on a sensiblement

$$\frac{1}{4\pi F_0} = 9 \times 10^{22}$$

ou

$$F_0 = \frac{1}{36\pi \times 10^{22}}.$$

ϵF_0 devant être extrêmement grand par rapport à $\frac{1}{4\pi}$, on voit que, *dans le système électromagnétique C. G. S., ϵ doit être mesuré par un nombre extrêmement grand par rapport à 10^{32}.*

Le pouvoir inducteur spécifique relatif à l'éther (pratiquement à l'air) d'un diélectrique quelconque est le rapport $\frac{1 + 4\pi\epsilon F}{1 + 4\pi\epsilon F_0}$; pour tous les diélectriques connus, il a une valeur finie; il varie entre 1 (éther) et 64 (eau distillée).

Or, *dans la théorie de Faraday, le pouvoir inducteur spécifique d'un diélectrique D' par rapport à un autre diélectrique D est sensiblement égal au rapport entre le coefficient de polarisation F' du premier diélectrique et le coefficient de polarisation F du second :*

$$(32) \qquad \frac{1 + 4\pi\epsilon F'}{1 + 4\pi\epsilon F} = \frac{F'}{F} \cdot$$

Donc, pour tous les diélectriques, le rapport $\frac{F}{F_0}$ est compris entre 1 et 64; en d'autres termes, pour tous les diélectriques, le coefficient de polarisation F, mesuré en unités électromagnétiques C. G. S., est au plus de l'ordre de 10^{-32}.

Helmholtz, après avoir développé une électrodynamique très générale, a proposé (*), pour retrouver diverses conséquences de la théorie de Maxwell, une opération qui revient à prendre la forme limite des équations obtenues lorsqu'on y fait croître ϵF au delà de toute limite; cette supposition, on le voit, se ramène immédiatement à l'hypothèse de Faraday et de Mossotti.

(*) H. Helmholtz, *Ueber die Gesetze der inconstanten elektrischen Ströme in körperlich ausgedehnten Leitern* (Verhandlungen des naturhistorisch-medicinischen Vereins zu Heidelberg, 21 janvier 1870; p. 89. — Wissenschaftliche Abhandlungen, Bd. I, p. 543).—*Ueber die Bewegungsgleichungen der Elektricität für ruhende leitende Körper* (Borchardt's Journal für reine und angewandte Mathematik, Bd. LXXII, p. 127 et p. 129. — Wissenschaftliche Abhandlungen, Bd. I, p. 625 et p. 628). — Voir aussi : H. Poincaré. *Électricité et Optique;* II. *Les théories de Helmholtz et les expériences de Hertz,* p. VI et p. 103; Paris, 1891.

CHAPITRE II

La première électrostatique de Maxwell

§ 1. *Rappel de la théorie de la conductibilité de la chaleur*

Avant d'aller plus loin et d'aborder l'exposé des idées de Maxwell, il nous faut arrêter un moment à l'étude de la conductibilité de la chaleur.

Considérons une substance, homogène ou hétérogène, mais isotrope.

Soient : (x, y, z) un point pris à l'intérieur de cette substance ;

T, la température en ce point ;

k, le coefficient de conductibilité calorifique en ce point.

Le flux de chaleur en ce point aura pour composantes suivant les axes de coordonnées :

$$(33) \qquad u = - k \frac{\delta T}{\delta x}, \quad v = - k \frac{\delta T}{\delta y}, \quad w = - k \frac{\delta T}{\delta z}.$$

Considérons une partie continue d'un conducteur ; un élément de volume

$$d\omega = dx \, dy \, dz,$$

découpé dans cette région, renferme une source de chaleur qui dégage, dans le temps dt, une quantité de chaleur $j \, d\omega \, dt$; nous pouvons nommer j *l'intensité de la source.* Nous aurons, d'après cette définition,

$$\frac{\delta u}{\delta x} + \frac{\delta v}{\delta y} + \frac{\delta w}{\delta z} = j.$$

ou bien, en vertu des égalités (33),

$$(34) \qquad \frac{\delta}{\delta x}\left(k\,\frac{\delta T}{\delta x}\right) + \frac{\delta}{\delta y}\left(k\,\frac{\delta T}{\delta y}\right) + \frac{\delta}{\delta z}\left(k\,\frac{\delta T}{\delta z}\right) + j = 0.$$

Soit maintenant S la surface qui sépare deux substances, 1 et 2, de conductibilités différentes. L'élément dS de cette surface ren-ferme une source de chaleur superficielle qui, dans le temps dt, dégage une quantité de chaleur $J\,dS\,dt$; J est *l'intensité superfi-cielle de la source*. Nous aurons alors

$$u_1 \cos(N_1, x) + v_1 \cos(N_1, y) + w_1 \cos(N_1, z)$$
$$+\; u_2 \cos(N_2, x) + v_2 \cos(N_2, y) + w_2 \cos(N_2, z) = J$$

ou bien, en vertu des égalités (33),

$$(35) \qquad k\,\frac{\delta T}{\delta N_1} + k_2\,\frac{\delta T}{\delta N_2} + J = 0.$$

Telles sont les équations fondamentales, données par Fourier, qui régissent la propagation de la chaleur par conductibilité. On sait comment l'œuvre de G. S. Ohm, complétée plus tard par G. Kirchhoff, a permis de les étendre à la propagation du courant électrique au sein des corps conducteurs. Pour passer du premier problème au second, il suffit de remplacer le flux de chaleur par le flux électrique, la conductibilité calorifique par la conductibilité électrique, la température T par le produit ϵV de la constante des lois de Coulomb et de la fonction potentielle électrostatique; enfin de substituer à j et à J les rapports $\dfrac{\delta\sigma}{\delta t}$, $\dfrac{\delta\Sigma}{\delta t}$, σ, Σ désignant les densités électriques solide et superficielle.

Une extension analogue des équations de la conductibilité calo-rifique peut servir à traiter de là diffusion d'un sel au sein d'une dissolution aqueuse, selon la remarque bien connue de Fick.

Une analogie analytique peut aussi être établie entre certains problèmes relatifs à la conductibilité de la chaleur et certains pro-blèmes d'électrostatique.

Considérons, par exemple, le problème suivant :

Un corps C est plongé dans un espace E. Le corps C et l'espace E sont tous deux homogènes, isotropes et conducteurs, mais ils ont des conductibilités différentes; k_1 est la conductibilité du corps C; k_2 est la conductibilité de l'espace E. Le corps C est supposé maintenu à une température invariable, la même en tous ses points, que nous désignerons par A; les divers éléments de l'espace E ne renferment point d'autre cause de dégagement ou d'absorption de chaleur que celle qui provient de leur chaleur spécifique γ; chaque élément $d\omega$, de densité ρ, dégage donc, dans le temps dt, une quantité de chaleur $- \rho\, d\omega\, \gamma\, \dfrac{\delta T}{\delta t}\, dt$, en sorte que

$$ j = - \rho \gamma \frac{dT}{\delta t}\, ; $$

enfin, l'état de ce milieu E est supposé stationnaire; T y a, en chaque point, une valeur indépendante de t, ce qui transforme l'égalité précédente en

$$ j = 0. $$

Comment, pour réaliser un semblable état, faut-il distribuer les sources de chaleur à la surface du corps C ? Quelle sera, aux divers points de l'espace E, la valeur de la température T ?

La température T, continue dans tout l'espace, devra prendre, en tout point du corps C et de la surface qui le termine, la valeur constante A; en tout point de l'espace E, elle devra vérifier l'équation

$$ \Delta T = 0, $$

à laquelle se réduit l'équation (34), lorsqu'on y fait

$$ j = 0 $$

et qu'on y suppose k indépendant de x, y, z; T étant ainsi déterminé, l'équation (35), qui se réduira à

$$ k_2 \frac{\delta T}{\delta N_2} + J = 0, $$

fera connaître la valeur de J en chaque point de la surface qui limite le corps C.

Ce problème est analytiquement identique à celui-ci :

Un conducteur homogène et électrisé C est plongé dans un milieu isolant E; quelle est la distribution de l'électricité à la surface de ce conducteur en équilibre?

Pour passer du premier problème au second, il suffit de remplacer, dans la solution, la température T par la fonction potentielle électrique V, le quotient $\dfrac{J}{k_2}$ par le produit $4\pi\Sigma$, où Σ désigne la densité superficielle de la couche électrique qui recouvre le conducteur C.

Il serait peut-être difficile de citer le géomètre qui a le premier remarqué cette analogie; les mathématiciens du commencement du siècle étaient si parfaitement habitués au maniement des équations différentielles auxquelles conduisent les diverses théories de la physique qu'une semblable analogie devait, pour ainsi dire, leur sauter aux yeux. En tous cas, on la trouve explicitement énoncée dans d'anciens travaux de Chasles (*) et de W. Thomson (**).

§ 2. *Théorie des milieux diélectriques, construite par analogie avec la théorie de la conduction de la chaleur*

On a cherché, dans les propriétés des milieux diélectriques, une analogie plus profonde avec les lois de la conductibilité de la chaleur.

Ayant traité un problème quelconque de conductibilité, on passerait au problème analogue de l'électrostatique en conservant les mêmes équations et en changeant le sens des lettres qui y figurent selon les règles que voici :

On remplacerait la température T par une certaine fonction Ψ;

(*) M. Chasles, *Énoncé de deux théorèmes généraux sur l'attraction des corps et la théorie de la chaleur* (COMPTES RENDUS, t. VIII, p. 209 ; 1839).

(**) W. Thomson, *On the uniform Motion of Heat in homogeneous solid Bodies, and its Connexion with the mathematical Theory of Electricity* (CAMBRIDGE AND DUBLIN MATHEMATICAL JOURNAL, février 1842. — Réimprimé dans le PHILOSOPHICAL MAGAZINE en 1854 et dans les PAPERS ON ELECTROSTATICS AND MAGNETISM, Art. I).

cette fonction Ψ déterminerait les composantes P, Q, R du *champ électrostatique* au point (x, y, z) par les formules

$$(36) \qquad P = - \frac{\delta \Psi}{\delta x}, \quad Q = - \frac{\delta \Psi}{\delta y}, \quad R = - \frac{\delta \Psi}{\delta z}.$$

Le coefficient de conductibilité k serait remplacé par un coefficient K, caractérisant les propriétés diélectriques du milieu et que l'on nommerait son *pouvoir inducteur spécifique*.

Les composantes du flux de chaleur u, v, w seraient remplacées par les composantes f, g, h d'un vecteur qu'on nommerait la *polarité* au point (x, y, z), en sorte que l'on aurait

$$(37) \qquad \left\{ \begin{aligned} f &= KP = - K \frac{\delta \Psi}{\delta x}, \\[1mm] g &= KQ = - K \frac{\delta \Psi}{\delta y}, \\[1mm] h &= KR = - K \frac{\delta \Psi}{\delta z}. \end{aligned} \right.$$

L'intensité j de la source calorifique serait remplacée par $4\pi Ke$, e étant la *densité électrique solide*, en sorte que l'équation (34) deviendrait

$$(38) \qquad \frac{\delta}{\delta x}\left(K \frac{\delta \Psi}{\delta x} \right) + \frac{\delta}{\delta y}\left(K \frac{\delta \Psi}{\delta y} \right) + \frac{\delta}{\delta z}\left(K \frac{\delta \Psi}{\delta z} \right) + 4\pi Ke = 0.$$

Dans le mémoire où il traite de la théorie que nous exposons en ce moment, Maxwell ne considère jamais les surfaces de discontinuité qui séparent les divers corps les uns des autres ; on peut en effet, si l'on veut, supposer que le passage des divers corps les uns dans les autres se fait d'une manière continue au travers d'une couche très mince ; les physiciens ont souvent usé de ce procédé.

Ces diverses règles, si elles existaient seules, pourraient être regardées comme un simple jeu de formules, comme des conventions purement arbitraires ; elles perdent ce caractère, pour prendre celui d'une électrostatique, d'une théorie physique susceptible d'être confirmée ou contredite par l'expérience, lorsqu'on y joint l'hypothèse suivante :

Le système est le siège d'actions qui admettent pour potentiel la quantité

$$\text{(39)} \qquad U = \frac{1}{2} \int \Psi e \, d\omega,$$

l'intégrale s'étendant au système tout entier.

Quelques linéaments de cette électrostatique nouvelle se trouvent dans les recherches de Faraday ; c'est, il est vrai, non point au sujet des corps diélectriques, mais au sujet des corps magnétiques qu'il les trace ; mais on connait les liens intimes qui unissent le développement de la théorie des aimants au développement de la théorie des corps diélectriques. Divers phénomènes, dit Faraday (*), " m'ont conduit à l'idée que des corps possèdent à des degrés différents un *pouvoir conducteur* pour le magnétisme „... " J'use des mots *pouvoir conducteur* comme expression générale pour désigner la capacité que les corps possèdent d'effectuer la transmission des forces magnétiques, sans rien supposer sur la façon dont s'effectue cette transmission. „ Certains corps auraient un pouvoir conducteur plus grand que le milieu ambiant ; ce seraient les corps magnétiques proprement dits ; d'autres conduiraient moins bien que le milieu ; ce seraient les corps diamagnétiques. Faraday semble d'ailleurs avoir entrevu (**) que cette théorie ne s'accordait pas en tout point avec la théorie classique de la polarisation des aimants.

Déjà, quelques années auparavant, les idées mêmes de Faraday sur l'induction électrique avaient suggéré à W. Thomson (***) quelques aperçus analogues : " Il est possible, je n'en doute pas, écrivait-il, de découvrir que de telles forces à distance peuvent être produites entièrement par l'action des parties contiguës de tout le milieu interposé, et nous en trouvons une analogie dans le

---

(*) Faraday, *Experimental Researches in Electricity*, XXVI° série, lue à la Société royale de Londres le 28 nov. 1850 (Experimental Researches, vol. III, p. 100).

(**) Faraday, *loc. cit.*, p. 208.

(***) W. Thomson, *On the elementary Laws of statical Electricity* (Cambridge and Dublin mathematical Journal, 1845. — Papers on electrostatics, Art. II, n° 50).

cas de la chaleur, dont certains effets, qui suivent les mêmes lois, sont propagés sans doute de particule à particule. „

Mais si quelques vestiges de l'idée que nous venons d'exposer se peuvent soupçonner dans les écrits de certains auteurs, il n'est point douteux que Maxwell l'ait développée le premier en une véritable théorie; à cette théorie, il a consacré la première partie de son plus ancien mémoire sur l'électricité (*).

Maxwell commence par proclamer le rôle fécond de *l'analogie physique.* " Par analogie physique, dit-il, j'entends cette ressemblance partielle entre les lois d'une science et les lois d'une autre science qui fait que l'une des deux sciences peut servir à illustrer l'autre „ et il montre comment l'analogie physique entre l'acoustique et l'optique a contribué au progrès de cette dernière science.

Il développe alors non point la théorie de la propagation de la chaleur dans un milieu conducteur, mais une théorie du mouvement d'un fluide dans un milieu résistant; celle-ci ne diffère d'ailleurs de celle-là que par la signification des lettres qu'elle emploie; mais, en toutes deux, ces lettres se groupent selon les mêmes formules.

Ces formules, Maxwell les étend à l'électricité, conformément à ce que nous venons d'indiquer (**): " L'induction électrique, dit-il, exercée sur un corps à distance, dépend non seulement de la distribution de l'électricité sur le corps inducteur et de la forme et de la position du corps induit, mais encore de la nature du milieu interposé ou diélectrique. Faraday exprime ce fait par la concep-

---

(*) J. Clerk Maxwell, *On Faraday's Lines of Force*, lu à la Société philosophique de Cambridge, le 10 décembre 1855 et le 11 février 1856 (Transactions of the Cambridge philosophical Society, vol. X, part. I p. 27; 1864. — Scientific Papers of James Clerk Maxwell, vol. 1, p. 166; Cambridge, 1890).

(**) Pour faire concorder nos notations avec celles qu'emploie Maxwell dans le mémoire cité, il faut remplacer

$$\Psi \quad \text{par} \quad -V,$$
$$ed\omega \quad \text{par} \quad dm,$$
$$K \quad \text{par} \quad \frac{1}{K},$$
$$f, g, h \quad \text{par} \quad u, v, w.$$
$$P, Q, R \quad \text{par} \quad X, Y, Z.$$

tion qu'une substance a une *plus grande capacité inductive* ou conduit mieux les lignes d'action inductive qu'une autre. Si nous supposons que, dans notre analogie du mouvement d'un fluide dans un milieu résistant, la résistance est différente dans différents milieux, lorsque nous donnerons à la résistance une moindre valeur, nous obtiendrons un milieu analogue à un diélectrique qui conduit plus aisément les lignes de Faraday. „

§ 3. *Discussion de la première électrostatique de Maxwell*

Lorsque Maxwell, dans l'exposé que nous venons d'analyser, parle de polarité, de charge électrique, de fonction potentielle, entend-il destituer ces mots du sens qu'ils avaient reçu jusque-là en électrostatique, entend-il définir des grandeurs nouvelles, essentiellement distinctes de celles qui portaient les mêmes noms avant lui, et destinées à les remplacer dans une théorie irréductible à l'ancienne électrostatique? Maint passage de son mémoire nous prouve clairement qu'il n'en est rien; qu'en usant des mots charge électrique, fonction potentielle, polarité, il entend les employer dans le sens accepté de tous; qu'il ne prétend pas créer une électrostatique nouvelle, mais, par une comparaison, illustrer l'électrostatique traditionnelle, la théorie de la polarisation des diélectriques telle que Faraday et Mossotti l'ont conçue, à l'imitation de la théorie du magnétisme donnée par Poisson.

Tout d'abord, en parlant de l'état de l'électrostatique au moment où il écrit, Maxwell ne semble pas se proposer de modifier quoi que ce soit aux formules admises; puis, il indique par quel changement dans le sens des lettres que renferment les formules on passera du problème du mouvement d'un fluide dans un milieu résistant au problème électrique " ordinaire „, épithète dont l'emploi exclut toute intention de révolutionner cette branche de la Physique. A propos des aimants, Maxwell marque nettement que les deux théories en question sont, pour lui, mathématiquement équivalentes : " Un aimant, dit-il, est conçu comme formé de parties aimantées élémentaires, dont chacune possède un pôle nord et un pôle sud; l'action de chacun de ces pôles sur un autre pôle nord ou sud est gouvernée par des lois mathématiquement identiques à celles de l'électricité. Par conséquent, la même application de

l'idée de lignes de force peut être faite à ce sujet et la même ana·
logie du mouvement d'un fluide peut être employée à l'illustrer. „
Cette analogie, Maxwell la développe, l'applique aux corps magnétiques regardés comme plus conducteurs que le milieu ambiant,
aux corps diamagnétiques, regardés comme moins conducteurs
que ce milieu, et il ajoute : " Il est évident que nous obtiendrons
les mêmes résultats mathématiques si nous supposions que la
force magnétique a le pouvoir d'exciter la polarité dans les corps,
polarité qui a la *même direction* que les lignes de force dans les
corps paramagnétiques et la direction *contraire* dans les corps
diamagnétiques. „

Il est donc palpable que Maxwell, en s'appuyant sur une analogie avec les équations de la chaleur, a simplement prétendu
donner une théorie des diélectriques, différente au point de vue
des hypothèses physiques, mais identique au point de vue des
équations mathématiques, à la théorie que domine l'hypothèse des
molécules polarisées.

Aussi Maxwell n'hésite-t-il pas à admettre (*) que la fonction Ψ
est analytiquement identique à la fonction potentielle électrostatique :

$$(40) \qquad \Psi = \int \frac{e}{r}\, d\omega.$$

Il n'a été question jusqu'ici, dans la théorie de Maxwell, que de
corps diélectriques ; comment Maxwell se représente-t-il les corps
conducteurs ? " Si la conductibilité du diélectrique est parfaite ou
presque parfaite pour la petite quantité d'électricité que nous
considérons, dit-il, le diélectrique est alors considéré comme un
conducteur ; sa surface est une surface d'égal potentiel, et l'attraction résultante au voisinage de la surface est normale à la
surface. „

(*) J. Clerk Maxwell, Scientific Papers, vol. I, p. 176 ; Maxwell écrit l'égalité

$$V = - \sum \frac{dm}{r}$$

qui, avec ses notations, équivaut à la précédente.

Ainsi, pour Maxwell, il n'y a pas, à proprement parler, de corps conducteur; tous les corps sont des diélectriques, qui diffèrent seulement les uns des autres par la valeur attribuée à K ; pour l'éther du vide, K est égal à 1; pour les autres diélectriques, K est supérieur à 1 ; pour certains, K a une très grande valeur; ceux-là sont les conducteurs.

Dès lors, le problème électrostatique se pose de la manière suivante :

La fonction Ψ, que définit l'égalité (40), doit vérifier dans tout l'espace l'égalité (38); une fois cette fonction Ψ déterminée, les égalités (37) feront connaître, en chaque point, l'état de polarisation du milieu.

Or, l'égalité (40), qui est une définition, entraîne l'identité

$$\Delta\Psi = 4\pi e,$$

en sorte que l'égalité (38) peut aussi bien s'écrire

$$(41) \qquad \frac{\delta K}{\delta x} \frac{\delta \Psi}{\delta x} + \frac{\delta K}{\delta y} \frac{\delta \Psi}{\delta y} + \frac{\delta K}{\delta z} \frac{\delta \Psi}{\delta z} = 0.$$

Cette condition est *tout* ce que nous fournit la première électrostatique de Maxwell pour déterminer la fonction Ψ; or, il est clair qu'elle est insuffisante à cet objet; tout d'abord, en un milieu homogène, où K est indépendant d'x, y, z, elle se réduit à une identité et laisse la fonction Ψ entièrement indéterminée en un semblable milieu; mais, même au cas où, pour éviter cette difficulté, on repousserait l'existence de tout milieu homogène, on n'aurait pas fait faire un pas à la détermination de Ψ, car si une fonction Ψ vérifie l'équation (41), la fonction $\lambda\Psi$, où λ est une constante, la vérifie également.

La première électrostatique de Maxwell n'a donc que l'apparence d'une théorie physique; lorsqu'on la serre de près, elle s'évanouit.

CHAPITRE III

La deuxième électrostatique de Maxwell

§ 1. *L'hypothèse des cellules électriques*

La première électrostatique n'était, pour Maxwell, qu'une simple ébauche; la seconde électrostatique, celle que nous allons maintenant exposer, constitue, au contraire, une théorie développée, à laquelle son auteur est revenu à plusieurs reprises; plus étroitement que la première théorie, elle s'inspire des vues de Faraday et surtout de Mossotti sur la constitution des diélectriques.

Faraday avait considéré un diélectrique soumis à l'influence comme composé de particules dont les deux extrémités portent des charges égales et contraires; mais il avait fui toute hypothèse déterminée sur la nature intrinsèque de cette électricité que les particules matérielles possèdent, et par laquelle elles peuvent être soit polarisées, soit laissées à l'état neutre; il aime à insister sur ce fait que sa théorie de l'induction est indépendante de toute hypothèse sur la nature de l'électricité.

« Ma théorie de l'induction, dit-il (*), n'émet aucune assertion au sujet de la nature de l'électricité, ou des diverses questions posées par quelqu'une des théories qui ont été émises à ce sujet. Un certain pouvoir ou deux certains pouvoirs peuvent se développer ou être excités dans les corps; quelle en est l'origine? C'est une question qu'elle ne prétend pas embrasser; mais, regardant

____

(*) M. Faraday, *An Answer to D* *Hare's Letter on certain theoretical Opinions* (SILLIMANN's JOURNAL, vol. XXXIX, p. 108 à 120; 1840. — FARADAY's EXPERIMENTAL RESEARCHES IN ELECTRICITY, vol. II, p. 262).

ce fait comme donné par l'observation et l'expérience, elle le considère uniquement en lui-même; elle étudie comment la force se comporte, tandis qu'elle se communique à distance dans le phénomène particulier, mais très répandu, que l'on nomme l'*induction électrostatique*. Cette théorie ne décide ni de la valeur absolue de la force, ni de sa nature, mais seulement de sa distribution. „

Mossotti n'a pas imité la circonspection avec laquelle Faraday se tenait à l'écart de toute hypothèse sur la nature de l'électricité et évitait de se prononcer entre la théorie qui suppose deux fluides électriques et celle qui admet un fluide unique. Partisan résolu des idées de Franklin, il les transporte dans l'exposé de la doctrine de Faraday; il admet que l'électricité est constituée par un fluide unique, qu'il nomme l'*éther;* ce fluide existe, à un certain degré de densité, dans les corps à l'état neutre; s'il se condense en une région, cette région se trouve électrisée positivement; elle se trouve électrisée négativement lorsque l'éther y est raréfié; dans un diélectrique à l'état neutre, l'éther forme atmosphère autour de chacune des particules matérielles qu'il ne peut quitter; lorsque la molécule est soumise à une force inductive, « l'atmosphère éthérée (*) condensée à une extrémité, déploie une force électrique positive et raréfiée à l'extrémité opposée, laisse à découvert une force électrique négative „.

C'est en s'autorisant de ce passage de Mossotti que Maxwell écrit (**) ce qui suit, au début de l'exposé de sa deuxième électrostatique :

« Une force électromotrice agissant sur un diélectrique, produit un état de polarisation de ses parties semblable, comme distribution, à la polarité des particules de fer sous l'influence d'un aimant et, comme la polarisation magnétique, capable d'être représentée sous forme d'un état dans lequel chaque particule a des pôles doués de propriétés opposées. „

(*) Mossotti, *Recherches théoriques sur l'induction électrostatique envisagée d'après les idées de Faraday* (BIBLIOTHÈQUE UNIVERSELLE, ARCHIVES, t. VI, p. 195, 1847).

(**) J. Clerk Maxwell, *On physical Lines of Force, Part. III : The Theory of molecular Vortices applied to statical Electricity* (PHILOSOPHICAL MAGAZINE, janvier et février 1862. — SCIENTIFIC PAPERS, vol. I, p. 491).

« Dans un diélectrique soumis à l'induction, on peut concevoir, en chaque molécule, l'électricité déplacée de telle manière que l'une des faces soit électrisée positivement et l'autre négativement, en sorte que l'électricité demeure en entier attachée à chaque molécule et ne peut passer d'une molécule à l'autre. »

« L'effet de cette action sur l'ensemble de la masse électrique est de produire un déplacement de l'électricité dans une certaine direction... La grandeur de ce déplacement dépend de la nature du corps et de la force électromotrice, en sorte que si h est le déplacement, R la force électromotrice et E un coefficient qui dépend de la nature du diélectrique,

$$(42) \qquad R = - 4\pi E^2 h \ (*).$$

... Ces relations sont indépendantes de toute théorie sur le mécanisme interne des diélectriques... »

Ce passage, où se trouve affirmé si formellement l'accord de la théorie qui va être développée, d'une part avec la théorie de l'aimantation par influence donnée par Coulomb et Poisson, d'autre part avec les vues semblables de Mossotti touchant la polarisation des diélectriques, est un renseignement de première importance sur les opinions de Maxwell; nous le retrouverons, en effet, presque textuellement reproduit dans tout ce que Maxwell écrira dorénavant sur l'électricité et jusque dans les premiers chapitres de la deuxième édition de son Traité, dernière œuvre à laquelle il ait mis la main.

Dans le mémoire : *On physical Lines of Force,* que nous nous proposons d'analyser, Maxwell ne se contente pas d'accepter ces résultats « indépendants de toute théorie »; il cherche un agencement de corps fluides et de corps solides qui permette d'en donner une interprétation mécanique; selon le mot en honneur auprès des physiciens anglais, il construit un *modèle mécanique* des diélectriques.

Maxwell admet que tout diélectrique est un mécanisme formé au moyen de deux substances : un fluide incompressible et dénué

---

de viscosité, qu'il nomme l'*éther*, et un solide parfaitement élastique, qu'il nomme l'*électricité.*

L'électricité forme les parois très minces de cellules que remplit l'éther. L'éther est animé, au sein de chaque cellule, de mouvements tourbillonnaires qui expliquent les propriétés magnétiques du milieu.

« Lorsque les particules du fluide éthéré sont tirées dans une certaine direction, leurs actions tangentielles sur la substance élastique qui forme les cellules déforment chaque cellule et mettent en action une force égale et opposée due à l'élasticité des cellules. Lorsque la première force est supprimée, les cellules reprennent leur forme primitive, et l'électricité reprend la position qu'elle avait abandonnée. »

Dans cette représentation de la polarisation diélectrique, le *déplacement* de la substance élastique nommée *électricité* va jouer exactement le même rôle que le *déplacement du fluide éthéré* dont parlait Mossotti; il *mesurera*, en chaque point, l'*intensité de polarisation.*

Les parois élastiques des cellules sont déformées par les forces qui agissent sur elles; soient P, Q, R, les composantes de la force en un point, f, g, h, les composantes du déplacement au même point; les composantes f, g, h du déplacement dépendent des composantes P, Q, R de la force. Comment en dépendent-elles?

La réponse à cette question dépend d'un problème d'élasticité qui serait fort compliqué si la forme des cellules était donnée, et qui ne peut même être mis en équation tant que cette forme demeure inconnue ; faute de solution exacte, Maxwell se contente d'une solution grossièrement approchée ; il étudie la déformation d'une cellule unique, ayant la forme sphérique, et soumise à une force qui est parallèle à OZ et qui a en tout point la même valeur R. Il trouve alors que l'on a

$$(42^{bis}) \qquad R = 4\pi E^2 h,$$

E^2 étant une quantité qui dépend des deux coefficients d'élasticité de la matière qui forme les cellules.

Généralisant ce résultat, il admet que l'on a, en toutes circonstances, les égalités

$$(43^{bis}) \qquad P = 4\pi E^2 f, \quad Q = 4\pi E^2 g, \quad R = 4\pi E^2 h.$$

En réalité, ces formules ne sont pas celles que Maxwell a données, mais celles que lui aurait fournies un calcul correct. Par suite d'une faute de signe manifeste (*), il substitue à ces formules les formules incorrectes

$$(42) \qquad R = - 4\pi E^2 h,$$

$$(43) \quad P = - 4\pi E^2 f, \quad Q = - 4\pi E^2 g, \quad R = - 4\pi E^2 h.$$

Les formules que nous venons d'écrire sont générales ; elles prennent une forme plus particulière dans le cas où l'équilibre électrique est établi sur le système ; dans ce cas, en effet, les théories électrodynamiques développées par Maxwell dans le mémoire même que nous analysons (**) montrent qu'il existe une certaine fonction Ψ (x, y, z), telle que l'on ait

$$(44) \qquad P = - \frac{\delta \Psi}{\delta x}, \quad Q = - \frac{\delta \Psi}{\delta y}, \quad R = - \frac{\delta \Psi}{\delta z}.$$

D'ailleurs, si les raisonnements de Maxwell démontrent l'existence de cette fonction, ils ne nous renseignent en aucune façon sur sa nature, bien que Maxwell insinue ce qui suit : " L'interprétation physique de Ψ est que cette fonction représente la *tension électrique* en chaque point de l'espace. „

(*) J. Clerk Maxwell, SCIENTIFIC PAPERS, vol. I, p. 495. Des équations

$$(100) \qquad R = - 2\pi m a (e + 2f),$$

$$(103) \qquad h = \frac{a e}{2\pi},$$

Maxwell tire l'équation

$$(104) \qquad R = 4\pi^2 m \frac{e + 2f}{e} h.$$

D'ailleurs, tout ce mémoire de Maxwell est littéralement criblé de fautes de signe.

(**) J. Clerk Maxwell, SCIENTIFIC PAPERS, vol. I, p. 482.

§ 2. *Les principes précédents dans les écrits ultérieurs de Maxwell*

Avant de suivre plus loin les conséquences de ces principes et de les analyser, nous allons indiquer sous quelle forme on les retrouve dans les écrits publiés par Maxwell postérieurement à son mémoire : *On physical Lines of Force.*

En 1864, Maxwell publiait un nouveau mémoire (*), très étendu, sur les actions électromagnétiques ; il y définissait lui-même, de la manière suivante, l'esprit qui a dirigé la composition de ce travail :

« J'ai tenté dans une occasion précédente, disait-il(**), de décrire une espèce particulière de mouvement et un genre particulier de déformation combinés de manière à rendre compte des phéno-mènes. Dans le présent mémoire, j'ai évité toute hypothèse de cette nature ; lorsqu'à propos des phénomènes connus de l'induction électrodynamique et de la polarisation diélectrique, j'emploie des termes comme moment électrique et élasticité électrique, je n'ai d'autre but que de diriger l'esprit du lecteur vers des phénomènes mécaniques qui l'aideront à comprendre les phénomènes élec-triques correspondants. Dans le présent mémoire, de semblables manières de parler doivent être regardées comme des illustrations et non comme des explications. »

Sans faire aucune hypothèse sur la nature des phénomènes électriques, donner aux lois qui les régissent des formes analogues de tout point à celles qu'affectent les équations de la dynamique, ce sera précisément l'objet du *Traité d'Électricité et de Magnétisme,* dont le mémoire : *A dynamical Theory of the electromagnetic Field* est l'ébauche.

Maxwell ne s'y montre pas moins que dans son précédent mémoire : *On physical Lines of Force* respectueux des hypo-thèses traditionnelles touchant la polarisation des diélectriques. Il écrit(***), en citant Faraday et Mossotti : « Lorsqu'une force électro-

---

(*) J. Clerk Maxwell, *A dynamical Theory of the Electromagnetic Field,* lu à la Société Royale de Londres le 8 décembre 1854(Philosophical Transactions, vol. CLV. — Scientific Papers, vol. I, p. 526).

(**) J. Clerk Maxwell, Scientific Papers, vol. I, p. 563.

(***) J. Clerk Maxwell, Ibid., vol. I, p. 131.

motrice agit sur un diélectrique, elle y produit un état de polarisation qui s'y distribue comme la polarité des diverses parties
d'une masse de fer soumise à l'influence d'un aimant ; de même
que la polarisation magnétique, cette polarité peut être représentée
comme un état dans lequel les pôles opposés de chaque particule
se trouvent dans des conditions opposées. „

« Lorsqu'un diélectrique est soumis à l'action d'une force
électromotrice, on doit admettre que l'électricité est déplacée en
chaque molécule de telle manière que l'une des extrémités de cette
molécule est électrisée positivement et l'autre négativement ; mais
l'électricité demeure totalement retenue par la molécule, de sorte
qu'elle ne peut passer de cette molécule à une molécule voisine.
L'effet que cette action produit sur la masse entière du diélectrique
est un déplacement général de l'électricité dans une certaine
direction... Dans l'intérieur du diélectrique, on ne remarque aucun
signe d'électrisation, car l'électrisation de la surface de chaque
molécule est neutralisée par l'électrisation opposée qui se trouve
à la surface des molécules contiguës ; mais à la surface qui limite
le diélectrique, l'électrisation ne se trouve plus neutralisée et nous
observons des phénomènes qui indiquent une électrisation positive
ou négative. „

« La relation qui existe entre la force électromotrice et la grandeur du déplacement électrique qu'elle produit dépend de la
nature du diélectrique ; en général, la même force électromotrice
produit un plus grand déplacement électrique dans un diélectrique
solide, comme le verre et le soufre, que dans l'air. „

Si l'on désigne par K le rapport entre la force électromotrice et
le déplacement, on aura

$$(45) \qquad P = Kf, \qquad Q = Kg, \qquad R = Kh.$$

D'ailleurs, dans le cas où l'équilibre est établi sur le système, les
composantes P, Q, R de la force électromotrice sont données par
les formules

$$(44) \qquad P = - \frac{\delta \Psi}{\delta x}, \qquad Q = - \frac{\delta \Psi}{\delta y}, \qquad R = - \frac{\delta \Psi}{\delta z},$$

où Ψ est une fonction d'x, y, z sur la forme analytique de
laquelle les raisonnements électrodynamiques de Maxwell ne

nous apprennent rien : " Ψ, dit Maxwell (*), est une fonction d'x, y, z et t qui demeure indéterminée en ce qui concerne la solution des équations de l'électrodynamique, car les termes qui en dépendent disparaissent lorsqu'on intègre le long d'un circuit fermé. Toutefois, la quantité Ψ peut être déterminée dans chaque cas particulier, lorsque l'on connaît les conditions actuelles de la question. L'interprétation physique de Ψ est qu'elle représente le *potentiel électrique* en chaque point de l'espace. „

Ce passage ne diffère guère de celui que Maxwell écrit, au sujet de la quantité Ψ, dans son mémoire : *On physical Lines of Force,* que par la substitution des mots *potentiel électrique* aux mots *tension électrique.* Mais, malgré la précision plus grande du nouveau terme, rien, dans les raisonnements de Maxwell, ne justifie l'identification analytique de la fonction Ψ et de la *fonction potentielle électrostatique* de Green ; rien non plus, ni une ligne de texte, ni une équation, ne marque que Maxwell ait admis cette assimilation, qui serait incompatible avec plusieurs des résultats auxquels il parvient.

Les équations que nous venons d'écrire concordent évidemment avec celles que nous avons empruntées au mémoire : *On physical Lines of Force;* elles n'en diffèrent que par la substitution du coefficient K au produit $4\pi E^2$; en outre, la faute de signe qui affectait les équations (42) et (43) est corrigée dans les équations (45).

§ 3. *L'équation de l'électricité libre*

Par la lettre e, Maxwell représente, dans son Mémoire : *A dynamical Theory of the electromagnetic Field* (**) " la quantité d'électricité positive libre contenue dans l'unité de volume d'une portion quelconque du champ, due à ce que l'électrisation des différentes parties du champ n'est pas exactement neutralisée par l'électrisation des parties voisines. „

Rapprochée du passage sur la polarisation diélectrique que nous avons, au § précédent, emprunté au même mémoire, cette définition ne laisse aucun doute sur le sens que Maxwell attribue

---

(*) J. Clerk Maxwell, Scientific Papers, vol. I, p. 558.
(**) Ibid., vol. I, p. 161.

à la lettre *e*; c'est la densité solide de la distribution électrique fictive qui équivaut à la polarisation diélectrique ; c'est donc cela même qu'au Chapitre I, nous avons désigné par la lettre *e.*

D'autre part, comme le déplacement (f, g, h) est certainement, pour Maxwell, l'exact équivalent de l'intensité de polarisation, entre les composantes du déplacement et la quantité *e*, il n'hésite pas à écrire (*) la relation que Poisson avait établie entre les composantes de l'aimantation et la densité magnétique fictive, et que Mossotti avait étendue aux diélectriques :

$$(46) \qquad e + \frac{\delta f}{\delta x} + \frac{\delta g}{\delta y} + \frac{\delta h}{\delta z} = 0.$$

Une équation complète celle-là en fixant la densité superficielle de l'*électricité libre* à la surface de séparation de deux diélectriques 1 et 2 ; dans les deux mémoires que nous analysons en ce moment, Maxwell ne parle jamais de surfaces de discontinuité ; il n'écrit donc pas cette équation ; mais la forme en est forcée, du moment que l'on admet, d'une part, l'équation précédente et, d'autre part, l'équivalence entre une surface de discontinuité et une couche de passage très mince ; on peut donc adjoindre à l'équation précédente la relation

$$(47) \qquad E + f_1 \cos(N_1, x) + g_1 \cos(N_1, y) + h_1 \cos(N_1, z)$$
$$+ f_2 \cos(N_2, x) + g_2 \cos(N_2, y) + h_2 \cos(N_2, z) = 0.$$

Moyennant les équations (45), l'égalité (47) devient

$$(48) \quad E + \frac{1}{K_1} [P_1 \cos(N_1, x) + Q_1 \cos(N_1, y) + R_1 \cos(N_1, z)]$$
$$+ \frac{1}{K_2} [P_2 \cos(N_2, x) + Q_2 \cos(N_2, y) + R_2 \cos(N_2, z)] = 0,$$

tandis que l'équation (46) devient

$$(49) \qquad e + \frac{\delta}{\delta x} \frac{P}{K} + \frac{\delta}{\delta y} \frac{Q}{K} + \frac{\delta}{\delta z} \frac{R}{K} = 0$$

(*) J. Clerk Maxwell, Scientific Papers, vol. I, p. 5CI, égalité (G).

et, dans le cas où le milieu est homogène,

$$(50) \qquad e + \frac{1}{K}\left(\frac{\delta P}{\delta x} + \frac{\delta Q}{\delta y} + \frac{\delta R}{\delta z}\right) = 0.$$

Cette équation, Maxwell ne l'a pas écrite dans son mémoire : *A dynamical Theory of the electromagnetic Field*, mais elle résulte immédiatement des équations (45) et (46) qu'il y écrit.

Dans le mémoire : *On physical Lines of Force*, il l'obtient par des considérations, à peine différentes des précédentes, qu'il nous faut relater.

Il part (*) de ce principe que « la variation du déplacement est assimilable à un courant », en sorte que $\frac{\delta f}{\delta t}$, $\frac{\delta g}{\delta t}$, $\frac{\delta h}{\delta t}$, sont les composantes d'un flux, le *flux de déplacement*, qui doivent être respectivement ajoutées aux composantes du flux de conduction, pour former les composantes p, q, r, du flux total. « Si e désigne la quantité d'électricité libre par unité de volume, l'équation de continuité donne

$$\frac{\delta p}{\delta x} + \frac{\delta q}{\delta y} + \frac{\delta r}{\delta z} + \frac{\delta e}{\delta t} = 0. \text{ »}$$

Mais, par des considérations que nous retrouverons lorsque nous étudierons l'électrodynamique de Maxwell, celui-ci attribue aux composantes du flux de conduction la forme

$$-\frac{1}{4\pi}\left(\frac{\delta \gamma}{\delta y} - \frac{\delta \beta}{\delta z}\right), \quad -\frac{1}{4\pi}\left(\frac{\delta \alpha}{\delta z} - \frac{\delta \gamma}{\delta x}\right), \quad -\frac{1}{4\pi}\left(\frac{\delta \beta}{\delta x} - \frac{\delta \gamma}{\delta y}\right),$$

où α, β, γ, sont trois fonctions d'x, y, z. Il en résulte que l'équation précédente demeure exacte si l'on y substitue à p, q, r, les seules composantes du flux de déplacement, et qu'elle peut s'écrire

$$\frac{\delta}{\delta t}\left(\frac{\delta f}{\delta x} + \frac{\delta g}{\delta y} + \frac{\delta h}{\delta z}\right) + \frac{\delta e}{\delta t} = 0$$

(*) J. Clerk Maxwell, Scientific Papers, vol. I, p. 496.

ou bien, en vertu des égalités (43bis),

$$(51) \qquad \frac{\delta}{\delta t} \left[\frac{\delta}{\delta x} \frac{P}{4\pi E^2} + \frac{\delta}{\delta y} \frac{Q}{4\pi E^2} + \frac{\delta}{\delta z} \frac{R}{4\pi E^2} \right] + \frac{\delta e}{\delta t} = 0$$

et, dans le cas d'un milieu homogène,

$$(52) \qquad \frac{1}{4\pi E^2} \frac{\delta}{\delta t} \left(\frac{\delta P}{\delta x} + \frac{\delta Q}{\delta y} + \frac{\delta R}{\delta z} \right) + \frac{\delta e}{\delta t} = 0.$$

Jusqu'à ce point du raisonnement, on pourrait douter si Maxwell désigne simplement par e la densité de la distribution électrique fictive équivalente à la polarisation diélectrique, ou bien s'il y comprend quelque électrisation réelle communiquée au milieu ; un membre de phrase résout la question : " Lorsqu'il n'y a pas de forces électromotrices, dit-il (*), on a

$$e = 0. \text{ „}$$

Il est donc clair que e a le même sens que dans le mémoire : *A dynamical Theory of the electromagnetic Field;* en outre, des équations (51) et (52), il est permis de tirer les équations

$$(53) \qquad \frac{\delta}{\delta x} \frac{P}{4\pi E^2} + \frac{\delta}{\delta y} \frac{Q}{4\pi E^2} + \frac{\delta}{\delta z} \frac{R}{4\pi E^2} + e = 0,$$

$$(54) \qquad \frac{1}{4\pi E^2} \left(\frac{\delta P}{\delta x} + \frac{\delta Q}{\delta y} + \frac{\delta R}{\delta z} \right) + e = 0,$$

identiques, à la notation près, aux équations (49) et (50).

Indiquons en passant qu'au lieu d'écrire l'équation (54), Maxwell, par suite de la faute de signe qui affecte les égalités (43), écrit (**)

$$(54^{bis}) \qquad \frac{1}{4\pi E^2} \left(\frac{\delta P}{\delta x} + \frac{\delta Q}{\delta y} + \frac{\delta R}{\delta z} \right) = e.$$

(*) J. Clerk Maxwell, Scientific Papers, vol. I, p. 497.
(**) Ibid., vol. I, p. 497, égalité (115).

§ 4. *La deuxième électrostatique de Maxwell est illusoire*

Les diverses égalités que nous venons d'écrire sont générales ;
dans le cas où l'équilibre est établi sur le système, P, Q, R sont liés
à la fonction Ψ par les égalités (44), qui donnent

$$(55) \begin{cases} f = - \dfrac{1}{4\pi E^2} \dfrac{\delta\Psi}{\delta x}, \quad g = - \dfrac{1}{4\pi E^2} \dfrac{\delta\Psi}{\delta y}, \quad h = - \dfrac{1}{4\pi E^2} \dfrac{\delta\Psi}{\delta z}, \\ \text{ou} \\ f = - \dfrac{1}{K} \dfrac{\delta\Psi}{\delta x}, \quad\ \ g = - \dfrac{1}{K} \dfrac{\delta\Psi}{\delta y}, \quad\ \ h = - \dfrac{1}{K} \dfrac{\delta\Psi}{\delta z}. \end{cases}$$

Moyennant les égalités (44), les égalités (53) et (49) deviennent

$$(56) \begin{cases} \dfrac{\delta}{\delta x}\left(\dfrac{1}{4\pi E^2}\dfrac{\delta\Psi}{\delta x}\right) + \dfrac{\delta}{\delta y}\left(\dfrac{1}{4\pi E^2}\dfrac{\delta\Psi}{\delta y}\right) + \dfrac{\delta}{\delta z}\left(\dfrac{1}{4\pi E^2}\dfrac{\delta\Psi}{\delta z}\right) - e = 0, \\ \dfrac{\delta}{\delta x}\left(\dfrac{1}{K}\dfrac{\delta\Psi}{\delta x}\right) + \dfrac{\delta}{\delta y}\left(\dfrac{1}{K}\dfrac{\delta\Psi}{\delta y}\right) + \dfrac{\delta}{\delta z}\left(\dfrac{1}{K}\dfrac{\delta\Psi}{\delta z}\right) - e = 0. \end{cases}$$

Les égalités (54) et (50) deviennent

$$(57) \qquad \dfrac{1}{4\pi E^2} \Delta\Psi - e = 0, \qquad \dfrac{1}{K} \Delta\Psi - e = 0.$$

Enfin, l'égalité (48) devient la seconde des égalités

$$(58) \begin{cases} \dfrac{1}{4\pi E_1^2} \dfrac{\delta\Psi}{\delta N_1} + \dfrac{1}{4\pi E_2^2} \dfrac{\delta\Psi}{\delta N_2} - E = 0, \\ \dfrac{1}{K_1} \dfrac{\delta\Psi}{\delta N_1} + \dfrac{1}{K_2} \dfrac{\delta\Psi}{\delta N_2} - E = 0. \end{cases}$$

Si la fonction Ψ était connue, les relations (55) détermineraient
les composantes du déplacement en chaque point du milieu
diélectrique. Mais comment sera déterminée la fonction Ψ ? Par
elles-mêmes, les égalités (56), (57) et (58) ne nous apprennent rien
de plus, au sujet de cette fonction, que les égalités (55), dont elles

découlent. Il en serait autrement si quelque théorie, indépendante de celle qui nous fournit les équations (55), nous permettait d'exprimer e, E au moyen des dérivées partielles de Ψ, par des relations irréductibles aux relations (56), (57) et (58); alors, en éliminant e, E entre les relations (56), (57), (58) et ces nouvelles relations, on obtiendrait des conditions auxquelles les dérivées partielles de la fonction Ψ seraient soumises, soit en tout point du milieu diélectrique, soit à la surface de séparation de deux diélectriques différents.

C'est par cette méthode que se développe la théorie de l'aimantation par influence donnée par Poisson, la théorie de la polarisation des diélectriques conçue, à l'imitation de la précédente, par Mossotti.

Lorsqu'en cette dernière théorie, on a posé les équations de la polarisation sous la forme [Chapitre I, égalités (19)]

$$A = - \epsilon F \frac{\delta}{\delta x} (V + \bar{V}),$$

$$B = - \epsilon F \frac{\delta}{\delta y} (V + \bar{V}),$$

$$C = - \epsilon F \frac{\delta}{\delta z} (V + \bar{V}),$$

on en tire, en tout point d'un milieu continu, la relation [Chapitre I, égalité (20)]

$$(59) \quad \epsilon \frac{\delta}{\delta x}\left[F \frac{\delta (V + \bar{V})}{\delta x} \right] + \epsilon \frac{\delta}{\delta y}\left[F \frac{\delta (V + \bar{V})}{\delta y} \right] + \epsilon \frac{\delta}{\delta z}\left[F \frac{\delta (V + \bar{V})}{\delta z} \right] - e = 0,$$

analogue à nos égalités (56), et, à la surface de séparation de deux milieux diélectriques, la relation [Chapitre I, égalité (21)]

$$(60) \quad \epsilon F_1 \frac{\delta (V + \bar{V})}{\delta N_1} + \epsilon F_2 \frac{\delta (V + \bar{V})}{\delta N_2} - E = 0,$$

analogue à nos relations (58). Mais là ne s'arrête pas la solution. La fonction $(V + \bar{V})$ qui figure dans ces formules n'est pas simplement une fonction uniforme et continue de x, y, z; c'est une fonction dont l'expression analytique est donnée d'une manière très précise lorsqu'on connaît la distribution électrique, réelle ou fictive; et de cette expression analytique découlent, en vertu des théorèmes de Poisson, deux relations indépendantes des précédentes; l'une [Chapitre I, égalité (15)], vérifiée en tout point d'un diélectrique continu, polarisé mais non électrisé,

$$(61) \qquad \Delta (V + \bar{V}) = - 4\pi e;$$

l'autre [Chapitre I, égalité (16)], vérifiée à la surface de séparation de deux tels diélectriques,

$$(62) \qquad \frac{\delta (V + \bar{V})}{\delta N_1} + \frac{\delta (V + \bar{V})}{\delta N_2} = - 4\pi E.$$

Si alors nous comparons, d'une part, les égalités (59), (61), d'autre part, les égalités (60) et (62), nous trouvons que les dérivées partielles de la fonction $(V + \bar{V})$ doivent vérifier, en tout point d'un diélectrique continu, la relation.

$$\frac{\delta}{\delta x} \left[(1 + 4\pi eF) \frac{\delta (V + \bar{V})}{\delta x} \right] + \frac{\delta}{\delta y} \left[(1 + 4\pi eF) \frac{\delta (V + \bar{V})}{\delta y} \right]$$
$$+ \frac{\delta}{\delta z} \left[(1 + 4\pi eF) \frac{\delta (V + \bar{V})}{\delta z} \right] = 0$$

et, à la surface de séparation de deux milieux diélectriques, la relation

$$(1 + 4\pi eF_1) \frac{\delta (V + \bar{V})}{\delta N_1} + (1 + 4\pi eF_2) \frac{\delta (V + \bar{V})}{\delta N_2} = 0.$$

Ce sont précisément ces équations aux dérivées partielles qui serviront à déterminer la fonction $(V + \bar{V})$ et, par suite, l'état de polarisation des diélectriques.

Les mêmes circonstances se rencontrent d'ailleurs dans tous les problèmes analogues que fournit la physique mathématique. Prenons, par exemple, le problème de la conductibilité de la chaleur dans un milieu isotrope. Des hypothèses de Fourier découlent, en désignant par j, J, l'intensité solide ou superficielle des sources de chaleur, l'équation [Chapitre II, équation (34)]

$$\frac{\delta}{\delta x}\left(k\,\frac{\delta T}{\delta x}\right) + \frac{\delta}{\delta y}\left(k\,\frac{\delta T}{\delta y}\right) + \frac{\delta}{\delta z}\left(k\,\frac{\delta T}{\delta z}\right) + j = 0,$$

vérifiée en tout point d'un milieu continu, et l'équation [Chapitre II, équation (35)]

$$k_1\,\frac{\delta T}{\delta N_1} + k_2\,\frac{\delta T}{\delta N_2} + J = 0,$$

vérifiée à la surface de séparation de deux milieux.

Mais le problème qui consiste à déterminer la distribution de la chaleur sur le système n'est pas mis en équation tant que des hypothèses nouvelles n'ont pas relié les intensités j, J à la température T. Pour pousser plus loin, il nous faudra supposer, par exemple, que le milieu ne contient d'autre source de chaleur ou de froid que sa propre capacité calorifique, ce qui reviendra à écrire

$$j = -\,\rho\gamma\,\frac{\delta T}{\delta t}, \qquad J = 0,$$

ρ étant la densité du corps et γ sa chaleur spécifique. Les équations précédentes deviendront alors, pour la fonction T, les équations aux dérivées partielles

$$\frac{\delta}{\delta x}\left(k\,\frac{\delta T}{\delta x}\right) + \frac{\delta}{\delta y}\left(k\,\frac{\delta T}{\delta y}\right) + \frac{\delta}{\delta z}\left(k\,\frac{\delta T}{\delta z}\right) - \rho\gamma\,\frac{\delta T}{\delta t} = 0,$$

$$k_1\,\frac{\delta T}{\delta N_1} + k_2\,\frac{\delta T}{\delta N_2} = 0,$$

qui serviront à déterminer la distribution de la température sur le système.

Rien d'analogue dans l'électrostatique de Maxwell. De la fonction Ψ, qui figure dans les équations (56), (57), (58), il ne sait rien en dehors de ces équations, si ce n'est qu'elle est uniforme et continue ; il n'a le droit d'écrire, au sujet de cette fonction, aucune égalité qui ne soit une conséquence de celles qui sont déjà données, et, de fait, il n'en écrit aucune qu'il ne prétende tirer de celles-là ; il ne possède donc aucun moyen d'éliminer e, E et d'obtenir une équation qui puisse servir à déterminer cette fonction Ψ.

Il faut donc reconnaître que *la deuxième électrostatique de Maxwell n'aboutit pas même à mettre en équations le problème de la polarisation d'un milieu diélectrique donné.*

§ 5. *Détermination de l'énergie électrostatique*

Néanmoins, Maxwell s'efforce de tirer quelques conclusions de ce problème incomplètement posé ; c'est, il faut bien le reconnaître, dans cet essai de constitution d'une électrostatique que son imagination, insoucieuse de toute logique, se donne le plus librement carrière.

Le premier problème traité est la formation de *l'énergie électrostatique* ou du potentiel des actions qui s'exercent en un diélectrique polarisé.

Dans son mémoire : *On physical Lines of Force*, Maxwell admet purement et simplement (*) que cette énergie a pour valeur

$$(63) \qquad U = -\frac{1}{2} \int (Pf + Qg + Rh)\, d\omega.$$

Invoquant alors les formules (43) et (44), il trouve que U se peut mettre sous la forme

$$(64) \qquad U = \frac{1}{2} \int \frac{1}{4\pi E^2} \left[\left(\frac{\delta\Psi}{\delta x}\right)^2 + \left(\frac{\delta\Psi}{\delta y}\right)^2 + \left(\frac{\delta\Psi}{\delta z}\right)^2 \right] d\omega.$$

Les formules (43) sont affectées d'une faute de signe ; si l'on faisait usage des formules correctes (43bis), on trouverait

$$(64^{bis}) \qquad U = -\frac{1}{2} \int \frac{1}{4\pi E^2} \left[\left(\frac{\delta\Psi}{\delta x}\right)^2 + \left(\frac{\delta\Psi}{\delta y}\right)^2 + \left(\frac{\delta\Psi}{\delta z}\right)^2 \right] d\omega.$$

(*) J. Clerk Maxwell, Scientific Papers, vol. I, p. 497.

Cette formule (64) peut se transformer au moyen d'une intégration par parties; comme Maxwell rejette l'existence de surfaces de discontinuité (*), elle peut se mettre sous la forme

$$(65) \qquad U = -\frac{1}{2} \int \Psi \left[\frac{\delta}{\delta x}\left(\frac{1}{4\pi E^3}\frac{\delta\Psi}{\delta x}\right) + \frac{\delta}{\delta y}\left(\frac{1}{4\pi E^2}\frac{\delta\Psi}{\delta y}\right) \right.$$
$$\left. + \frac{\delta}{\delta z}\left(\frac{1}{4\pi E^2}\frac{\delta\Psi}{\delta z}\right)\right] d\omega$$

De là, au moyen des égalités (44) et de l'égalité (54bis), affectée d'une faute de signe semblable à celle qui affecte les équations (43), Maxwell tire l'égalité

$$(66) \qquad\qquad U = \frac{1}{2} \int \Psi e\, d\omega.$$

On y parviendrait également si, à l'égalité correcte (64bis), on appliquait la relation correcte (53).

Maxwell parvient ainsi à une expression de l'énergie électrostatique semblable de forme à l'expression (39) qu'il a admise en sa première théorie. Mais, chemin faisant, il a rencontré l'égalité (64) qui, une fois corrigée la faute de signe essentielle qui affecte les équations du mémoire : *On physical Lines of Force*, prend la forme (64bis).

Or, cette égalité (64bis) conduit à un résultat inquiétant.

L'énergie électrostatique du système, nulle en un système dépolarisé, serait négative en un système polarisé; elle diminuerait du fait de la polarisation; un ensemble de diélectriques à l'état neutre serait dans un état instable; aussitôt cet état troublé, il irait se polarisant avec une intensité toujours croissante.

Lorsque Maxwell composa son Mémoire : *A dynamical Theory of the electromagnetic Field*, il reprit les équations données dans le Mémoire précédent, mais après les avoir débarrassées des fautes de signe qui les altéraient. Dès lors, la conséquence que nous venons de signaler a pu lui apparaître. Est-ce là la raison

---

(*) Dans ce passage, Maxwell raisonne toujours comme si E^2 avait la même valeur dans tout l'espace; mais on peut aisément libérer ses raisonnements de cette supposition.

pour laquelle il a, dans ce nouveau travail, changé l'expression de l'énergie électrostatique ? Toujours est-il qu'au lieu de conserver, pour définition de cette quantité, l'égalité (63), il définit maintenant cette grandeur par l'égalité (*)

$$(67) \qquad U = \frac{1}{2} \int (Pf + Qg + Rh)\, d\omega.$$

A la vérité, cette égalité n'est point donnée ici comme une définition ou un postulat, mais découle d'un raisonnement que nous allons reproduire :

« De l'énergie peut être créée dans le champ magnétique de diverses manières, notamment par l'action d'une force électromotrice qui produit un déplacement électrique. Le travail produit par une force électromotrice variable P qui produit un déplacement variable f, s'obtient en formant la valeur de l'intégrale

$$\int P\, df$$

depuis

$$P = 0$$

jusqu'à la valeur donnée de P.

Comme l'on a

$$P = Kf,$$

cette quantité devient

$$\int Kf\, df = \frac{1}{2} Kf^2 = \frac{1}{2} Pf.$$

Dès lors, l'énergie intrinsèque qui existe dans une partie quelconque du champ, sous forme de déplacement électrique, a pour valeur :

$$\frac{1}{2} \int (Pf + Qg + Rh)\, d\omega. \text{ »}$$

Il nous semble que ce raisonnement devrait bien plutôt justifier la conclusion opposée et obliger Maxwell à conserver l'expression

---

(*) J. Clerk Maxwell, Scientific Papers, vol. I, p. 563.

de l'énergie électrique, donnée par l'égalité (63), qu'il avait adoptée tout d'abord.

Il paraît assez clairement que, dans le raisonnement qui précède, P, Q, R doivent être regardés comme les composantes d'une force électromotrice *intérieure* au système, et non comme les composantes d'une force électromotrice *extérieure* engendrée dans le système par des corps qui lui sont étrangers.

En effet, on peut remarquer, en premier lieu, que Maxwell ne décompose jamais l'ensemble des corps qu'il étudie en deux groupes, dont l'un est regardé comme arbitrairement donné, tandis que l'autre, soumis à l'action du premier, éprouve des modifications que le physicien analyse. Il semble bien plutôt que ses calculs s'appliquent à tout l'univers, assimilé à un système isolé, en sorte que toutes les actions qu'il considère sont des actions intérieures.

En second lieu, si, dans le raisonnement précédent, P, Q, R désignaient les composantes d'une force électromotrice extérieure, Maxwell aurait dû leur adjoindre les composantes de la force électromotrice intérieure qui naît du fait même de la polarisation du milieu diélectrique ; l'omission de cette dernière force rendrait son calcul fautif.

On doit donc penser que le travail évalué par Maxwell est pour lui un *travail interne ;* mais alors ce travail équivaut à une *diminution* et non à un accroissement de l'énergie interne, en sorte que la conclusion de Maxwell doit être renversée.

Maxwell la conserve cependant et, dans un champ où l'équilibre est établi, où l'on a, par conséquent,

$$(44) \qquad \mathrm{P} = - \frac{\delta\Psi}{\delta x}, \qquad \mathrm{Q} = - \frac{\delta\Psi}{\delta y}, \qquad \mathrm{R} = - \frac{\delta\Psi}{\delta z},$$

il écrit (*) l'équation (67) sous la forme

$$\mathrm{U} = - \frac{1}{2} \int \left(\frac{\delta\Psi}{\delta x} f + \frac{\delta\Psi}{\delta y} g + \frac{\delta\Psi}{\delta z} h \right) dw$$

(*) J. Clerk Maxwell, Scientific Papers, vol. I, p. 568.

qu'une intégration par parties transforme en

$$U = \frac{1}{2} \int \Psi \left(\frac{\delta f}{\delta x} + \frac{\delta g}{\delta y} + \frac{\delta h}{\delta z} \right) d\omega$$

ou bien, en vertu de l'égalité (46),

$$(68) \qquad U = - \frac{1}{2} \int \Psi e \, d\omega.$$

§ 6. *Des forces qui s'exercent entre deux petits corps électrisés*

De l'expression de l'énergie électrostatique, Maxwell va chercher à déduire les lois des forces pondéromotrices qui s'exercent en un système électrisé.

Étudions d'abord cette solution dans le Mémoire : *On physical Lines of Force* (*).

Le point de départ est l'expression de l'énergie électrostatique donnée par la formule (66).

Maxwell qui, dans le Mémoire en question, ne considère jamais de surface de discontinuité, n'y a fait figurer aucune électrisation superficielle ; néanmoins, pour éviter certaines objections qui pourraient être faites aux considérations suivantes, il sera bon de tenir compte d'une telle électrisation et de mettre l'énergie électrostatique sous la forme

$$(69) \qquad U = \frac{1}{2} \int \Psi e \, d\omega + \frac{1}{2} \int \Psi E \, dS,$$

la seconde intégrale s'étendant aux surfaces électrisées.

Imaginons que l'espace entier soit rempli par un diélectrique homogène ; E^2 aura en tout point la même valeur (**).

(*) J. Clerk Maxwell, Scientific Papers, vol. I, p. 497 et p. 498.
(**) Le lecteur évitera sans peine toute confusion entre le coefficient E^2 et la densité superficielle E.

La densité électrique solide sera donnée par l'égalité

$$(57) \qquad \frac{1}{4\pi E^2} \Delta\Psi - e = 0,$$

que Maxwell devrait écrire, par suite de la faute de signe qui affecte les égalités (43),

$$(57^{bis}) \qquad \frac{1}{4\pi E^2} \Delta\Psi + e = 0.$$

D'autre part, en un point d'une surface de discontinuité où la normale a les deux directions N_i, N_e, la densité superficielle aura, d'après la première égalité (58), la valeur donnée par l'égalité

$$(70) \qquad \frac{1}{4\pi E^2}\left(\frac{\delta\Psi}{\delta N_i} + \frac{\delta\Psi}{\delta N_e}\right) - E = 0,$$

que Maxwell devrait écrire

$$(70^{bis}) \qquad \frac{1}{4\pi E^2}\left(\frac{\delta\Psi}{\delta N_i} + \frac{\delta\Psi}{\delta N_e}\right) + E = 0.$$

Une surface de discontinuité S_1 est supposée séparer de l'ensemble du milieu diélectrique une portion 1 que l'on regardera comme susceptible de se mouvoir dans ce milieu, à la façon d'un solide dans un fluide. La fonction Ψ, que l'on désignera par Ψ_1, sera supposée harmonique dans tout l'espace, sauf en la région 1 ; en cette région, existera une densité solide e_1 ; la surface S_1 pourra porter, en outre, la densité superficielle E_1. L'énergie électrostatique du système sera

$$U_1 = \frac{1}{2}\int \Psi_1 e_1 \, d\omega_1 + \frac{1}{2}\int \Psi_1 E_1 \, dS_1.$$

Si le corps 1 se déplace en entraînant sa polarisation, U_1 restera invariable.

Par une surface S_2, isolons de même une autre partie 2 du diélectrique. Soit Ψ_2 une fonction harmonique en dehors de la région 2 ; elle correspond à une densité solide e_2 en tout point de la région 2 et à une densité solide E_2 en tout point de la surface S_2 ; si cette électrisation existait seule dans le milieu, l'énergie électrostatique serait

$$U_2 = \frac{1}{2} \int \Psi_2 e_2 \, d\omega_2 + \frac{1}{2} \int \Psi_2 E_2 \, dS_2.$$

Imaginons maintenant que ces deux corps électrisés existent simultanément dans le milieu diélectrique, et que la fonction Ψ ait pour valeur $(\Psi_1 + \Psi_2)$; l'électrisation de chacun des deux corps sera la même que s'il existait seul; quant à l'énergie électrostatique du système, elle sera visiblement, d'après l'égalité (69).

$$U = \frac{1}{2} \int (\Psi_1 + \Psi_2) \, e_1 \, d\omega_1 + \frac{1}{2} \int (\Psi_1 + \Psi_2) \, E_1 \, dS_1$$
$$+ \frac{1}{2} \int (\Psi_1 + \Psi_2) \, e_2 \, d\omega_2 + \frac{1}{2} \int (\Psi_1 + \Psi_2) \, E_2 \, dS_2$$

ou bien

$$(71) \qquad U = U_1 + U_2 + \frac{1}{2} \int \Psi_2 e_1 \, d\omega_1 + \frac{1}{2} \int \Psi_2 E_1 \, dS_1$$
$$+ \frac{1}{2} \int \Psi_1 e_2 \, d\omega_2 + \frac{1}{2} \int \Psi_1 E_2 \, dS_2.$$

Mais le théorème de Green donne sans peine l'égalité

$$\int \Psi_1 \Delta \Psi_2 \, d\omega_2 + \int \Psi_1 \left(\frac{\delta \Psi_2}{\delta N_{2i}} + \frac{\delta \Psi_2}{\delta N_{2e}} \right) dS_2$$
$$= \int \Psi_2 \Delta \Psi_1 \, d\omega_1 + \int \Psi_2 \left(\frac{\delta \Psi_1}{\delta N_{1i}} + \frac{\delta \Psi_1}{\delta N_{1e}} \right) dS_1.$$

Soit que l'on fasse usage des équations (57) et (70), soit que l'on fasse usage des équations (57bis) et (70bis), cette égalité peut s'écrire

$$\int \Psi_1 e_2 \, d\omega_2 + \int \Psi_1 E_2 \, dS_2 = \int \Psi_2 e_1 \, d\omega_1 + \int \Psi_2 E_1 \, dS_1$$

et transforme l'égalité (71) en

$$(72) \qquad U = U_1 + U_2 + \int \Psi_2 e_1 \, d\omega_1 + \int \Psi_2 E_1 \, dS_1.$$

Laissant immobile le corps 2, déplaçons le corps 1; U_1, U_2 demeurent invariables et U éprouve un accroissement

$$(73) \qquad \delta U = \delta \int \Psi_2 e_1 \, d\omega_1 + \delta \int \Psi_2 E_1 \, dS_1.$$

Maxwell remarque que δU représente le travail qu'il faudrait effectuer pour mouvoir le corps 1 ou, en d'autres termes, le *travail résistant* engendré par les actions du corps 2 sur le corps 1; le travail *effectué* par ces actions est donc

$$- \delta U = - \delta \int \Psi_2 e_1 \, d\omega_1 - \delta \int \Psi_2 E_1 \, dS_1.$$

Supposons que le corps 1 soit un corps très petit et que δx_1, δy_1, δz_1, soient les composantes du déplacement de ce corps; désignons par

$$(74) \qquad q_1 = \int e_1 \, d\omega_1 + \int E_1 \, dS_1$$

sa charge électrique totale; nous aurons

$$- \delta U = - q_1 \left(\frac{\delta \Psi_2}{\delta x_1} \delta x_1 + \frac{\delta \Psi_2}{\delta y_1} \delta y_1 + \frac{\delta \Psi_2}{\delta z_1} \delta z_1 \right).$$

Le corps 2 exerce donc sur le petit corps 1 une force dont les composantes sont

$$(75) \qquad \left\{ \begin{aligned} X_{21} &= - q_1 \frac{\delta \Psi_2}{\delta x_1} = q_1 P_2, \\[1ex] Y_{21} &= - q_1 \frac{\delta \Psi_2}{\delta y_1} = q_1 Q_2, \\[1ex] Z_{21} &= - q_1 \frac{\delta \Psi_2}{\delta z_1} = q_1 R_2. \end{aligned} \right.$$

En vertu des égalités (57bis) et (70bis), on peut écrire

$$\Psi_2 = \int \frac{E^2 e_2}{r} \, d\omega_2 + \int \frac{E^2 E_2}{r} \, dS_2$$

$$= E^2 \int \frac{e_2}{r} \, d\omega_2 + E^2 \int \frac{E_2}{r} \, dS_2.$$

Si le corps 2 est très petit, et si l'on désigne par

$$(74^{bis}) \qquad q_2 = \int e_2 \, d\omega_2 + \int E_2 \, dS_2$$

sa charge électrique totale, on aura, au point (x_1, y_1, z_1).

$$(76) \qquad \Psi_2 = E^2 \frac{q_2}{r}.$$

Les égalités (75) deviendront alors

$$(77) \qquad \left\{ \begin{aligned} X_{21} &= E^2 \frac{q_1 q_2}{r^3} \frac{\delta r}{\delta x_1}, \\[1ex] Y_{21} &= E^2 \frac{q_1 q_2}{r^2} \frac{\delta r}{\delta y_1}, \\[1ex] Z_{21} &= E^2 \frac{q_1 q_2}{r^2} \frac{\delta r}{\delta z_1}. \end{aligned} \right.$$

Elles nous enseignent que le corps 2 exerce sur le corps 1 une force *répulsive*

$$(78) \qquad F = E^2 \frac{q_1 q_2}{r^2}.$$

Mais ce résultat est obtenu au moyen des égalités (57bis) et (70bis), qui sont affectées d'une faute de signe (*); si l'on faisait usage des

---

(*) En fait, Maxwell écrit non pas l'équation (57bis), mais l'équation (57) [*loc. cit.*, égalité (123)]; mais ensuite, il admet l'expression (76) de Ψ_2 comme s'il avait écrit l'équation (57bis).

égalités (57) et (70), où cette faute de signe est corrigée, on trouverait que l'égalité (76) devrait être remplacée par l'égalité

$$(76^{bis}) \qquad \Psi_2 = - E^2 \frac{q_2}{r}$$

et le corps 2 exercerait sur le corps 1 une force *attractive*

$$(78^{bis}) \qquad A = E^2 \frac{q_1 q_2}{r^2}.$$

Cette conséquence, qui eût assurément étonné Maxwell, ne se retrouvera pas dans le mémoire : *A dynamical Theory of the electromagnetic Field*, grâce au changement de signe qu'a subi l'expression de l'énergie électrostatique.

Dans ce mémoire (*), Maxwell traite très succinctement des actions mutuelles des corps électrisés en renvoyant le lecteur désireux de suivre les détails du raisonnement, à la théorie des forces magnétiques qu'il vient de donner.

Ce raisonnement est, d'ailleurs, conduit exactement suivant la marche que nous venons d'exposer; seulement, au lieu de prendre pour point de départ l'expression (66) de l'énergie électrostatique, il prend pour point de départ l'expression (68) de cette énergie ou mieux l'expression

$$(79) \qquad U = - \frac{1}{2} \int \Psi e \, d\omega - \frac{1}{2} \int \Psi E \, dS.$$

De ce changement de signe de l'énergie électrostatique, résulte le remplacement des égalités (75) par les égalités

$$(80) \qquad \left\{ \begin{array}{l} X_{21} = q_1 \dfrac{\delta \Psi_2}{\delta x_1} = - q_1 P_2, \\[2ex] Y_{21} = q_1 \dfrac{\delta \Psi_2}{\delta y_1} = - q_1 Q_2, \\[2ex] Z_{21} = q_1 \dfrac{\delta \Psi_2}{\delta z_1} = - q_1 R_2. \end{array} \right.$$

(*) J. Clerk Maxwell, Scientific Papers, vol. I, pp. 566 à 568.

Selon ces équations, le *champ pondéromoteur* créé par le corps 2 au point (x, y, z) aurait pour composantes $-\,P_2,\ -\,Q_2,\ -\,R_2,$ tandis que le *champ électromoteur* créé par le même corps, au même point, aurait pour composantes $P_2,\ Q_2,\ R_2$; ces deux champs seraient donc égaux, mais *de sens contraires*. Maxwell, qui a écrit (*) les égalités (80), ne s'arrête pas à cette conclusion paradoxale. Remplaçant (**) Ψ_2 par l'expression

$$(81) \qquad\qquad \Psi_2 = -\,\frac{K}{4\pi}\,\frac{q_2}{r}\,,$$

analogue à l'égalité (76), il trouve les égalités

$$(82) \qquad
\begin{cases}
X_{21} = \dfrac{K}{4\pi}\,\dfrac{q_1 q_2}{r^2}\,\dfrac{\delta r}{\delta x_1}\,, \\[2ex]
Y_{21} = \dfrac{K}{4\pi}\,\dfrac{q_1 q_2}{r^2}\,\dfrac{\delta r}{\delta y_1}\,, \\[2ex]
Z_{21} = \dfrac{K}{4\pi}\,\dfrac{q_1 q_2}{r^2}\,\dfrac{\delta r}{\delta z_1}\,,
\end{cases}$$

$$(83) \qquad\qquad F = \frac{K}{4\pi}\,\frac{q_1 q_2}{r^2}\,,$$

analogues aux égalités (77) et (78).

Maxwell parvient ainsi à une loi analogue à la loi de Coulomb, mais à la condition de faire l'hypothèse assez étrange et singulièrement particulière que les corps électrisés ont même pouvoir diélectrique que le milieu qui les sépare.

En outre, cette conclusion n'est obtenue, dans le mémoire : *On physical Lines of Force*, qu'à la faveur d'une faute matérielle de signe et, dans le mémoire : *A dynamical Theory of the electromagnetic Field*, elle est déduite d'une expression de l'énergie électrostatique dont, visiblement, le signe est erroné.

(*) *Loc. cit.*, p. 568, égalités (D).
(**) En réalité, Maxwell écrit

$$\Psi_2 = \frac{K}{4\pi}\,\frac{q_2}{r}\,,$$

[*loc. cit.*, égalité (43)] ; mais cette faute de signe est compensée par une faute de signe dan l'égalité (44).

§ 7. *De la capacité d'un condensateur*

Un autre problème d'électrostatique préoccupe Maxwell dans les deux mémoires que nous analysons en ce Chapitre : c'est le calcul de la capacité d'un condensateur.

Suivons, tout d'abord, la solution de ce problème donnée (*) dans le mémoire : *On physical Lines of Force.*

Imaginons une lame diélectrique plane, d'épaisseur θ, placée entre deux lames conductrices 1 et 2; Maxwell admet que la fonction Ψ prend, à l'intérieur de la lame conductrice 1 la valeur invariable Ψ_1, à l'intérieur de la lame conductrice 2 la valeur invariable Ψ_2; il sous-entend que, dans le diélectrique, Ψ est fonction linéaire de la distance à l'une des armatures.

Pour calculer la distribution électrique sur un tel système, Maxwell fait usage, aussi bien pour les conducteurs que pour les diélectriques, de l'équation (54bis); il y faudrait joindre, pour rendre son raisonnement rigoureux, l'équation analogue relative à l'électrisation superficielle des surfaces de discontinuité. Il en déduit que l'électrisation est localisée aux surfaces de séparation des armatures et du diélectrique; à la surface de séparation de l'armature 1 et du diélectrique, la densité superficielle sera

$$(81) \qquad E = - \frac{1}{4\pi E^2} \frac{\delta \Psi}{\delta N_i},$$

N_i étant la normale vers l'intérieur du diélectrique.

D'ailleurs

$$\frac{\delta \Psi}{\delta N_i} = \frac{\Psi_2 - \Psi_1}{\theta}.$$

Si donc S est l'aire de la surface de chaque armature en contact avec le diélectrique, l'armature 1 portera une charge

$$(85) \qquad Q = ES = \frac{S}{4\pi E^2} \cdot \frac{\Psi_1 - \Psi_2}{\theta}.$$

(*) J. Clerk Maxwell, Scientific Papers, vol. I, p. 500.

L'armature 2 portera une charge égale et de signe contraire.
Maxwell définit la capacité du condensateur par la formule

$$(86) \qquad C = \frac{Q}{\Psi_1 - \Psi_2} \cdot$$

L'égalité (85) donnera alors

$$(87) \qquad C = \frac{1}{4\pi E^2} \frac{S}{\theta},$$

ce qui permettra de regarder $\frac{1}{4\pi E^2}$ comme le *pouvoir inducteur spécifique* du diélectrique.

Mais ce résultat n'a été obtenu qu'en faisant usage de l'égalité (84), entachée de la même faute de signe que l'égalité (54bis); si l'on faisait usage de l'égalité correcte

$$(84^{bis}) \qquad E = \frac{1}{4\pi E^2} \frac{\delta\Psi}{\delta N_i},$$

à laquelle conduirait la première égalité (48), on trouverait pour la *capacité du condensateur* la valeur *négative*

$$(87^{bis}) \qquad C = - \frac{1}{4\pi E^2} \frac{S}{\theta} \cdot$$

La faute de signe qui affecte les égalités (43) et, par là, tant d'égalités du mémoire : *On physical Lines of Force*, a disparu dans le mémoire : *A dynamical Theory of electromagnetic Field;* la théorie du condensateur que renferme ce mémoire (*) va-t-elle donc conduire à ce résultat paradoxal qu'un condensateur a une capacité négative? Plutôt que de se laisser acculer à cette extrémité, Maxwell commettra ici une nouvelle faute de signe, la

____

(*) J. Clerk Maxwell, Scientific Papers, vol. I, p. 572.

même que dans le mémoire : *On physical Lines of Force*, et il écrira (*)

$$\frac{\delta \Psi}{\delta x} = Kf,$$

alors que quelques pages auparavant, il a écrit (**)

$$P = Kf$$

et aussi (***)

$$P = - \frac{\delta \Psi}{\delta x}.$$

(*) *Loc. cit.*, p. 572, égalité (48).
(**) *Loc. cit.*, p. 560, égalités (E).
(***) *Loc. cit.*, p. 568.

CHAPITRE IV

La troisième électrostatique de Maxwell

§ 1. *Différence essentielle entre la deuxième et la troisième*
électrostatiques de Maxwell

Les fautes de signe que nous venons de signaler peuvent seules
cacher la contradiction inévitable à laquelle se heurte la théorie
du condensateur donnée en la seconde électrostatique de Maxwell.

En cette électrostatique, on fait entrer en ligne de compte la
densité électrique e; cette densité provient de ce que l'électrisation
de quelque corpuscule polarisé, dont Maxwell admet l'existence, à
l'instar de Faraday et de Mossotti, n'est pas exactement neutralisée
par l'électrisation des corpuscules voisins; cette densité est l'analogue de la densité fictive que Poisson nous a appris à substituer
à l'aimantation d'un morceau de fer. En aucun cas, il n'est question d'une densité électrique autre que celle-là; en aucun cas,
Maxwell ne tient compte d'une électrisation non réductible à la
polarisation des diélectriques, d'une électrisation propre des corps
conducteurs. Quoi de plus net, par exemple, que le passage
suivant (*), que nous lisons dans le mémoire : *A dynamical Theory*
of the electromagnetic Field ?

> " *Quantité d'électricité* „

" Si e représente la quantité d'électricité positive libre contenue
dans l'unité de volume du champ, c'est-à-dire s'il arrive que les
électrisations des diverses parties du champ ne se neutralisent pas

---

*) J. Clerk Maxwell, Scientific Papers, vol. I, p. 561.

les unes les autres, nous pouvons écrire *l'équation de l'électricité libre* :

$$e + \frac{\delta f}{\delta x} + \frac{\delta g}{\delta y} + \frac{\delta h}{\delta z} = 0. \ _{\text{\tiny ,,}}$$

Admettant ce principe essentiel des théories de Maxwell, reprenons l'étude d'un condensateur plan formé par deux lames conductrices 1 et 2, que sépare un diélectrique.

Supposons que la face interne de la lame 1 soit électrisée positivement et la face interne de la lame 2 négativement ; au sein de la lame diélectrique, le champ électromoteur est dirigé de la lame 1 vers la lame 2.

Si, selon la faute de signe commise par Maxwell dans son mémoire : *On physical Lines of Force* et reproduite dans la partie du mémoire : *A dynamical Theory of the electromagnetic Field* où est examinée la théorie du condensateur, nous supposions le déplacement dirigé en sens contraire du champ électromoteur, le déplacement serait, au sein de la lame diélectrique, dirigé du conducteur 2 vers le conducteur 1.

Mais, sauf à l'endroit que nous venons de signaler, Maxwell n'a jamais reproduit cette opinion dans ses écrits postérieurs au mémoire : *On physical Lines of Force*. Partout, il admet que le déplacement, proportionnel à la force électromotrice, est dirigé comme elle.

" Nous devons admettre, écrit-il (*) en 1868, qu'au sein du diélectrique polarisé, il se produit un déplacement électrique dans la direction de la force électromotrice. „

" Le déplacement est dans la même direction que la force, répète-t-il dans son *Traité* (**), et, numériquement, est égal à l'in-

---

(*) J. Clerk Maxwell, *On a Method of making a direct Comparaison of electrostatic with electromagnetic Force; with a Note on the electromagnetic Theory of Light* (Lu à la Société royale de Londres le 18 juin 1868. Philosophical Transactions, vol. CLVIII. — Scientific Papers, vol. II, p. 139).

(**) J. Clerk Maxwell, *A Treatise on Electricity and Magnetism;* Oxford, 1873, vol. I, p. 63. — *Traité d'Électricité et de Magnétisme,* traduit de l'anglais sur la 2ᵉ édition, par G. Seligmann-Lui ; Paris, 1885-1887 ; tome I, p. 73. — Nous citerons dorénavant le Traité de Maxwell d'après la traduction française toutes les fois qu'aucune modification n'aura été apportée à la 1ʳᵉ édition anglaise.

tensité multipliée par $\dfrac{K}{4\pi}$, où K est le pouvoir inducteur spécifique du diélectrique. „

« Dans ce Traité, dit-il plus loin (*), nous avons mesuré l'électricité statique au moyen de ce que nous avons appelé le *déplacement électrique* : c'est une grandeur dirigée ou vectorielle, que nous avons désignée par 𝔇, et dont les composantes ont été représentées par *f, g, h*. „

« Dans les substances isotropes, le déplacement s'effectue dans le sens de la force électromotrice qui le produit, et il lui est proportionnel au moins pour les petites valeurs de cette force. C'est ce que l'on peut exprimer par l'équation :

$$\text{Équation du déplacement électrique,} \quad \mathfrak{D} = \frac{K}{4\pi}\,\mathfrak{E},$$

où K est la capacité diélectrique de la substance. „

Si nous désignons, avec Maxwell, par P, Q, R les composantes de la force électromotrice $\mathfrak{E}$, l'égalité symbolique précédente équivaudra aux trois égalités (**)

$$(88) \qquad f = \frac{K}{4\pi}\,P, \qquad g = \frac{K}{4\pi}\,Q, \qquad h = \frac{K}{4\pi}\,R.$$

Enfin, dans l'ouvrage dont Maxwell préparait la publication peu de temps avant sa mort, en un des Chapitres qui sont en entier de sa main, nous lisons (***) :

« D'après la théorie adoptée dans cet ouvrage, lorsque la force électromotrice agit sur un diélectrique, elle force l'électricité à s'y déplacer, dans sa direction, d'une quantité proportionnelle à la force électromotrice et fonction de la nature du diélectrique... „

Dès lors, si une lame diélectrique est comprise entre les deux

---

(*) *Traité...*, vol. II, p. 287.

(**) La comparaison de ces égalités (88) avec les égalités (45) montre que la quantité $\dfrac{K}{4\pi}$ introduite ici par Maxwell, est celle qu'il désignait par $\dfrac{1}{K}$ dans son mémoire *A dynamical Theory of the electromagnetic Field*.

(***) J. Clerk Maxwell, *A elementary Treatise of Electricity*, edited by W. Garnett. — *Traité élémentaire d'Électricité*, traduit de l'anglais par Gustave Richard. Paris 1884, p. 141.

armatures d'un condensateur dont l'une est électrisée positivement et l'autre négativement, le déplacement sera, en chaque point, dirigé de l'armature positive vers l'armature négative. Maxwell admet cette loi sans hésitation :

« Lorsqu'un diélectrique est soumis à l'action d'une force électromotrice, écrit-il dans sa *Note on the electromagnetic Theory of Light* (*), il éprouve ce que l'on peut appeler la polarisation électrique. Si l'on compte comme positive la direction de la force électromotrice, et si l'on suppose que le diélectrique soit limité par deux conducteurs, A situé du côté négatif et B du côté positif, la surface du conducteur A sera chargée d'électricité positive et la surface du conducteur B d'électricité négative. »

« Puisque nous admettons que l'énergie du système ainsi électrisé réside dans le diélectrique polarisé, nous devons admettre qu'il se produit au sein du diélectrique un déplacement d'électricité dans la direction de la force électromotrice. »

« L'électrisation positive de A et l'électrisation négative de B, répète-t-il dans son grand *Traité* (**), produisent une certaine force électromotrice agissant de A vers B dans la couche diélectrique, et cette force électromotrice produit un déplacement électrique de A vers B dans le diélectrique. »

« Les déplacements, écrit-il plus tard (***), à travers deux sections quelconques d'un même tube de déplacement sont égaux. Il existe, à l'origine de chaque tube unité de déplacement, une unité d'électricité positive et une unité d'électricité négative à l'autre extrémité. »

Quel sens exact Maxwell attribue-t-il, dans ses derniers travaux, à ce mot *déplacement électrique ?*

Dans le mémoire *A dynamical Theory of the electromagnetic Field*, où il introduit pour la première fois cette expression, Maxwell, nous l'avons vu, s'inspire de Mossotti. Pour Mossotti, la force électromotrice, rencontrant un des corpuscules dont se composent les corps diélectriques, chasse le fluide éthéré des parties de la surface où elle entre dans le corpuscule, pour l'accumuler

---

(*) J. Clerk Maxwell, Scientific Papers, vol. II, p. 339.

(**) J. Clerk Maxwell, *Traité d'Électricité et de Magnétisme*, t. I, p. 71.

(***) J. Clerk Maxwell, *Traité élémentaire d'Électricité*, p. 71.

sur les régions par où elle sort. La pensée de Maxwell, dans les deux mémoires que nous avons analysés au Chapitre précédent, s'accorde pleinement avec celle de Mossotti. En est-il de même dans ses écrits plus récents ?

On n'en saurait douter, le déplacement reste bien, pour Maxwell, un entraînement de l'électricité positive que la force électromotrice produit dans sa propre direction, entraînement qui se limite à chaque petite portion du diélectrique :

" La polarisation électrique du diélectrique (*) est un état de déformation dans lequel le corps est jeté par l'action de la force électromotrice, et qui disparaît en même temps que cette force même. Nous pouvons concevoir qu'il consiste en ce que l'on peut appeler un *déplacement électrique* produit par l'intensité électromotrice. Lorsqu'une force électromotrice agit sur un milieu conducteur, elle y produit un courant; mais si le milieu est un non conducteur ou diélectrique, le courant ne peut s'établir à travers le milieu ; l'électricité, néanmoins, est déplacée dans le milieu, dans la direction de la force électromotrice, et la grandeur de ce déplacement dépend de la grandeur de la force électromotrice. Si la force électromotrice augmente ou diminue, le déplacement électrique augmente ou diminue dans le même rapport. „

" La grandeur du déplacement a pour mesure la quantité d'électricité qui traverse l'unité de surface, pendant que le déplacement croît de zéro à sa valeur maximum. Telle est, par suite, la mesure de la polarisation électrique. „

Plus formel encore, si possible, est le passage suivant (**) :
" Pour rendre plus claire notre conception du phénomène, considérons une cellule isolée appartenant à un tube d'induction émanant d'un corps électrisé positivement, et limitée par deux des surfaces équipotentielles consécutives qui enveloppent le corps. „

" Nous savons qu'il existe une force électromotrice agissant du corps électrisé vers l'extérieur; cette force produirait, si elle agissait dans un milieu conducteur, un courant électrique, qui

---

(*) J. Clerk Maxwell, *Traité d'Électricité et de Magnétisme*, t. I, p. 69.
(**) J. Clerk Maxwell, *Traité élémentaire d'Électricité*, p. 61.

durerait aussi longtemps que l'action de la force. Mais ce milieu étant non conducteur ou diélectrique, la force électromotrice a pour effet de produire ce que nous pourrions appeler un *déplacement électrique,* c'est-à-dire que l'électricité est repoussée vers l'extérieur, dans la direction de la force électromotrice; l'état de l'électricité est d'ailleurs, pendant ce déplacement, tel qu'elle reprend, aussitôt que la force électromotrice disparait, la position qu'elle occupait avant le déplacement. „

L'idée que Maxwell désigne, dans ses derniers travaux, par ces mots : *déplacement électrique,* s'accorde donc avec celle qu'il désigne par les mêmes mots dans ses premiers mémoires, partant avec la conception de Mossotti, avec la théorie de l'aimantation par influence telle que l'a créée le génie de Poisson. Maxwell a soin, d'ailleurs, de signaler cet accord (*) :

" Puisque, comme nous l'avons vu, la théorie de l'action directe à distance est, au point de vue mathématique, identique à la théorie d'une action s'exerçant par l'intermédiaire d'un milieu, les phénomènes que l'on rencontre peuvent s'expliquer par une théorie aussi bien que par l'autre... Ainsi, Mossotti a déduit la théorie mathématique des diélectriques de la théorie ordinaire de l'attraction, simplement en donnant une interprétation électrique, au lieu d'une interprétation magnétique, aux symboles dont Poisson s'est servi pour déduire la théorie de l'induction magnétique de la théorie des fluides magnétiques. Il admet qu'il existe dans le diélectrique de petits éléments conducteurs, susceptibles d'avoir leurs extrémités électrisées en sens inverse par induction, mais incapables de gagner ou de perdre une quantité quelconque d'électricité, parce qu'ils sont isolés les uns des autres par un milieu non conducteur. Cette théorie des diélectriques cadre avec les lois de l'électricité; elle peut être effectivement vraie. Si elle est vraie, le pouvoir inducteur spécifique d'un milieu peut être plus grand, mais jamais plus petit que celui de l'air ou du vide. Jusqu'à présent, on n'a pas trouvé d'exemple d'un diélectrique ayant un pouvoir inducteur plus faible que celui de l'air; si l'on en trouve un, il faudra abandonner la théorie de Mossotti, mais ses formules

---

(*) J. Clerk Maxwell, *Traité d'Électricité et de Magnétisme,* t. I, p. 74.

resteront toutes exactes, et nous n'aurons à y changer que le signe
d'un coefficient. „

« Dans la théorie que je me propose de développer, les méthodes
mathématiques sont fondées sur le plus petit nombre possible
d'hypothèses; on trouve ainsi que des équations de même forme
s'appliquent à des phénomènes qui sont certainement de nature
bien différente : par exemple, l'induction électrique à travers les
diélectriques, la conduction dans les conducteurs et l'induction
magnétique. Dans tous ces cas, la relation entre la force et l'effet
qu'elle produit s'exprime par une série d'équations de même
espèce; de sorte que si un problème est résolu pour un de ces
sujets, le problème et sa solution peuvent être traduits dans le langage des autres sujets et les résultats, sous leur nouvelle forme,
seront encore vrais. „

De toutes ces citations, une conséquence semble découler logiquement, entre les composantes f, g, h, du déplacement et les densités
électriques solide ou superficielle e, E, on devra établir les relations

$$(46) \qquad e + \frac{\delta f}{\delta x} + \frac{\delta g}{\delta y} + \frac{\delta h}{\delta z} = 0,$$

$$(47) \quad E + f_1 \cos (N_1, x) + g_1 \cos (N_1, y) + h_1 \cos (N_1, z)$$
$$+ f_2 \cos (N_2, x) + g_2 \cos (N_2, y) + h_2 \cos (N_2, z) = 0.$$

Ces équations, en effet, s'accordent avec ce que Maxwell a dit du
déplacement électrique; elles sont au nombre des formules essentielles de la théorie de Mossotti, que Maxwell déclare mathématiquement identique à la sienne; elles sont, d'ailleurs, dans cette
théorie, la transposition d'équations que Poisson a introduites dans
la théorie de l'induction magnétique et que Maxwell (*) conserve
dans l'exposition de cette dernière théorie; enfin Maxwell les a
adoptées dans ses premiers écrits.

On est encore conduit à reconnaître que les idées de Maxwell
mènent logiquement aux égalités (46) et (47) en analysant ce qu'il
dit des *courants de déplacement*.

(*) J. Clerk Maxwell, *Traité d'Électricité et de Magnétisme*, t. II, p. 11.

« Les variations du déplacement électrique (*) produisent évidemment des courants électriques. Mais ces courants ne peuvent exister que pendant que le déplacement varie. „

« Une des particularités les plus importantes de ce Traité (**) consiste dans cette théorie que le courant électrique vrai $\mathfrak{C}$ (u, v, w) duquel dépendent les phénomènes électromagnétiques n'est pas identique au courant de conduction $\mathfrak{K}$ (p, q, r), et que, pour évaluer le mouvement total d'électricité, on doit tenir compte de la variation dans le temps du déplacement électrique $\mathfrak{D}$, en sorte que nous devons écrire :

$$\text{Équation du courant vrai,} \quad \mathfrak{C} = \mathfrak{K} + \frac{d\mathfrak{D}}{dt}$$

ou, en fonction des composantes,

$$u = p + \frac{\delta f}{\delta t},$$

$$v = q + \frac{\delta g}{\delta t},$$

$$w = r + \frac{\delta h}{\delta t}. \text{ „}$$

Ainsi, en tout point d'un diélectrique non conducteur dont l'état de polarisation varie, se produit un flux de déplacement dont les composantes sont

$$(89) \qquad p' = \frac{\delta f}{\delta t}, \qquad q' = \frac{\delta g}{\delta t}, \qquad r' = \frac{\delta h}{\delta t}.$$

Or « quelle que soit la nature de l'électricité(***), et quoi que nous entendions par mouvement d'électricité, le phénomène que nous avons appelé *déplacement électrique* est un mouvement d'électricité, dans le même sens que le transport d'une quantité déterminée d'électricité. „

Ou cette phrase ne veut rien dire, ou elle exige que les compo-

---

(*) J. Clerk Maxwell, *Traité d'Électricité et de Magnétisme*, t. 1, p. 69.
(**) *Ibid.*, t. II, p. 288.
(***) *Ibid.*, t. 1, p. 73.

santes p', q', r' du flux de déplacement soient liées aux densités électriques e, E par les équations de continuité

$$\frac{\delta p'}{\delta x} + \frac{\delta q'}{\delta y} + \frac{\delta r'}{\delta z} + \frac{\delta e}{\delta t} = 0,$$

$$\frac{\delta E}{\delta t} + p_1 \cos (N_1, x) + q_1' \cos (N_1, y) + r_1' \cos (N_1, z)$$
$$+ p_2' \cos (N_2, x) + q_2' \cos (N_2, y) + r_2' \cos (N_2, z) = 0,$$

qui pourront s'écrire, en vertu des égalités (89),

$$\frac{\delta}{\delta t} \left(\frac{\delta f}{\delta x} + \frac{\delta g}{\delta y} + \frac{\delta h}{\delta z} + e \right) = 0,$$

$$\frac{\delta}{\delta t} [E + f_1 \cos (N_1, x) + g_1 \cos (N_1, y) + h_1 \cos (N_1, z)$$
$$+ f_2 \cos (N_2, x) + g_2 \cos (N_2, y) + h_2 \cos (N_2, z)] = 0.$$

Intégrées entre un instant où le système était à l'état neutre et l'état actuel, ces équations redonnent les équations (46) et (47); le présent raisonnement est, d'ailleurs, donné par Maxwell dans son mémoire : *On physical Lines of Force.*

Examinons les conséquences de ces équations et, en particulier, de l'équation (47); appliquons-la à la surface de séparation d'un diélectrique 1 et d'un conducteur non polarisable 2; le déplacement (f_2, g_2, h_2) étant nul en ce dernier milieu, l'équation (47) se réduit à

(90) $E + f_1 \cos (N_1, x) + g_1 \cos (N_1, y) + h_1 \cos (N_1, z) = 0.$

La surface terminale du diélectrique est électrisée négativement aux points où la direction du déplacement ou, ce qui revient au même, la direction de la force électromotrice, pénètre dans le diélectrique; elle est électrisée positivement aux points où cette même direction sort du diélectrique.

Appliquons cette proposition, qui découle si naturellement des principes posés par Maxwell, à notre lame diélectrique comprise entre deux conducteurs chargés l'un d'électricité positive, l'autre d'électricité négative, et nous obtenons la conclusion suivante :

La face du diélectrique qui est en contact avec le conducteur électrisé positivement porte de l'électricité négative ; la face qui est en contact avec le conducteur électrisé négativement porte de l'électricité positive. Il est donc impossible d'identifier la charge électrique que porte un conducteur avec la charge prise par le diélectrique contigu.

Maxwell va-t-il donc renoncer à la supposition, sous-entendue dans ses premiers écrits, que l'électrisation propre des corps conducteurs n'existe pas ; que, seule, la polarisation des milieux diélectriques est un phénomène réel, produisant, par l'électrisation apparente à laquelle elle équivaut, les effets que les anciennes théories attribuent aux charges électriques répandues sur les corps conducteurs? Bien au contraire ; il énonce plus nettement cette hypothèse et en affirme la légitimité :

« On peut concevoir, dit-il (*), la relation physique qui existe entre les corps électrisés, soit comme effet de l'état dans lequel se trouve le milieu qui sépare les corps, soit comme résultat d'une action directe s'exerçant à distance entre les corps.

... Si nous calculons, dans cette hypothèse, l'énergie totale du milieu, nous la trouvons égale à l'énergie qui serait due à l'électrisation des conducteurs dans l'hypothèse d'une action directe à distance. Donc, au point de vue mathématique, les deux hypothèses sont équivalentes. »

« A l'intérieur même du milieu (**), où l'extrémité positive de chacune des cellules se trouve au contact de l'extrémité négative de la cellule voisine, ces deux électrisations se neutralisent exactement ; mais aux points où le milieu diélectrique est limité par un conducteur, l'électrisation n'est plus neutralisée et constitue l'électrisation que l'on observe à la surface du conducteur. »

« D'après ces idées sur l'électrisation, nous devons la considérer comme une propriété du milieu diélectrique, plutôt que du conducteur entouré par ce milieu. »

(*) J. Clerk Maxwell, *Traité d'Électricité et de Magnétisme*, t. I, p. 67.
(**) J. Clerk Maxwell, *Traité élémentaire d'Électricité*, p. 63.

« Dans le cas d'une bouteille de Leyde (*) dont l'armature intérieure est chargée positivement, une portion quelconque de verre
aura sa face intérieure chargée positivement et sa face extérieure
négativement. Si cette portion est tout entière à l'intérieur·du verre,
sa charge superficielle est entièrement neutralisée par la charge
opposée des parties qu'elle touche; mais si elle est en contact avec
un corps conducteur, dans lequel ne peut se maintenir l'état
d'induction, la charge superficielle n'est plus neutralisée, mais
constitue la charge apparente que l'on appelle généralement *charge
du conducteur*. »

« Par suite, la charge qui se trouve à la surface de séparation
du conducteur et du milieu diélectrique, et que l'on appelait dans
l'ancienne théorie charge du conducteur, doit être appelée, dans la
théorie de l'induction, la *charge superficielle du diélectrique environnant*. »

« D'après cette théorie, toute charge est l'effet résiduel de la
polarisation du diélectrique. »

Puisque Maxwel maintient formellement cette supposition,
comment fera-t-il disparaître la·contradiction que nous avons
signalée? Le plus simplement du monde : Dans les équations (46)
et (47), qui rendent criante cette contradiction, il changera le
signe de e et de E et il écrira (**)

$$(91) \qquad e = \frac{\delta f}{\delta x} + \frac{\delta g}{\delta y} + \frac{\delta h}{\delta z},$$

$$(92) \qquad E = f_1 \cos (N_1, x) + g_1 \cos (N_1, y) + h_1 \cos (N_1, z)$$
$$+ f_2 \cos (N_2, x) + g_2 \cos (N_2, y) + h_2 \cos (N_2, z).$$

L'égalité (90), qui fait connaître la charge superficielle d'un
diélectrique au contact d'un conducteur, c'est-à-dire, dans l'hypothèse de Maxwell, la charge même du conducteur, sera alors remplacée par l'égalité

$$(93) \qquad E = f_1 \cos (N_1, x) + g_1 \cos (N_1, y) + h_1 \cos (N_1, z).$$

(*) J. Clerk Maxwell, *Traité d'Électricité et de Magnétisme*, p. 175.
(**) *Ibid.*, p. 289.

La charge sera positive là où la direction du déplacement ou du champ électromoteur pénètre à l'intérieur du diélectrique, négative là où la direction du déplacement ou du champ électromoteur sort du diélectrique.

" Dans le cas d'un conducteur chargé (*), supposons la charge positive; alors si le diélectrique environnant s'étend de toutes parts autour de la surface fermée, il y aura polarisation électrique et déplacement du dedans vers le dehors sur toute l'étendue de la surface fermée; et l'intégrale du déplacement, prise sur toute la surface, est égale à la charge du conducteur renfermé dans la surface. „

Comment devront être polarisées les masses élémentaires d'un diélectrique, si l'on veut que l'électrisation en sens opposés de leurs deux extrémités s'accorde avec les égalités (91), (92), (93)?

Reprenons l'exemple d'une lame diélectrique plane placée entre deux plateaux conducteurs. On suppose qu'à l'intérieur de la lame les charges électriques opposées qui se trouvent aux deux extrémités d'une molécule sont exactement neutralisées par les charges de la molécule qui la précède et de la molécule qui la suit. Seule, l'électrisation des molécules extrêmes produit des effets appré-ciables.

La face du diélectrique par laquelle la force électromotrice entre dans ce milieu manifeste un état d'électrisation; il est dû à la charge que prennent, en celle de leurs extrémités par laquelle la force électromotrice les pénètre, les molécules de la première couche. La face du diélectrique par laquelle la force électromotrice sort de ce milieu manifeste aussi un état d'électrisation; il est dû à la charge que prennent, en celle de leurs extrémités par laquelle la force électromotrice les quitte, les molécules de la dernière couche. Or, d'après les propositions que Maxwell vient d'énoncer, la première électrisation est positive, la dernière négative. Donc, *lorsqu'une force électromotrice rencontre une molécule diélectrique, elle la polarise; l'extrémité de la molécule par où entre la force électromotrice se charge d'électricité* POSITIVE; *l'extrémité de la molécule par laquelle sort la force électromotrice se charge d'électricité* NÉGATIVE.

(*) J. Clerk Maxwell, *Traité d'Électricité et de Magnétisme*, t. II, p. 72.

Telle est la proposition (*), contraire à celle qu'ont admise Coulomb et Poisson dans l'étude du magnétisme, Faraday et Mossotti dans l'étude des diélectriques, contraire à l'opinion professée par lui-même en ses premiers écrits, que Maxwell énonce formellement dans ses derniers traités.

« Si nous supposons (**) le volume du diélectrique divisé en parties élémentaires, nous devons concevoir les surfaces de ces éléments comme électrisées, de telle manière que la densité superficielle en un point quelconque de la surface soit égale en grandeur au déplacement qui se produit en ce point à travers la surface, *ce déplacement compté vers l'intérieur*; c'est-à-dire que si le déplacement a lieu dans la direction positive, la surface de l'élément doit être électrisée négativement du côté positif et positivement du côté négatif. Ces charges superficielles se détruisent en général l'une l'autre lorsque l'on considère des éléments consécutifs, sauf aux points où le diélectrique a une charge interne, ou à la surface du diélectrique. »

« Dans le cas d'une bouteille de Leyde (***) chargée positivement, une portion quelconque de verre aura sa face intérieure chargée positivement et sa face extérieure négativement. »

« Le déplacement (iv), à travers une section quelconque d'un tube unité d'induction, représente une unité d'électricité, et la direction du déplacement est celle de la force électromotrice, c'est-à-dire qu'elle va des potentiels supérieurs aux potentiels inférieurs. »

« Nous avons à considérer, outre le déplacement électrique dans la cellule, l'état des deux extrémités de la cellule formées par les surfaces équipotentielles. Nous devons supposer que dans toute cellule, l'extrémité formée par la surface de potentiel supérieur est recouverte d'une unité d'électricité positive, tandis que l'extré-

---

(*) Je ne crois pas qu'aucun physicien ait fait attention au caractère paradoxal de cette proposition de Maxwell avant que H. Hertz l'ait exposée sous une forme particulièrement claire et saisissante (H. Hertz, GESAMMELTE WERKE, Bd. II : *Untersuchungen über die Ausbreitung der elektrischen Kraft; Einleitende Uebersicht*, p. 27).

(**) J. Clerk Maxwell, *Traité d'Électricité et de Magnétisme*, t. I, p. 73.

(***) *Ibid.*, t. I, p. 175.

(iv) J. Clerk Maxwell, *Traité élémentaire d'Électricité*, p. 63.

mité opposée, formée par la surface de potentiel inférieur, est recouverte par une unité d'électricité négative. „

Aussi bien dans le *Traité d'Électricité et de Magnétisme* que dans le *Traité élémentaire d'Électricité*, quelques pages, parfois quelques lignes seulement, séparent les passages que nous venons de citer d'affirmations telles que celles-ci : " La force électromotrice (*) a pour effet de produire ce que nous pourrions appeler un *déplacement électrique*, c'est-à-dire que l'électricité est repoussée dans la direction de la force. „

" Lorsque l'induction. (**) se transmet à travers un diélectrique, il y a d'abord un déplacement de l'électricité dans la direction de l'induction. Par exemple, dans une bouteille de Leyde dont l'armature intérieure est chargée positivement et l'armature extérieure négativement, le déplacement de l'électricité positive à travers la masse du verre se fait du dedans vers le dehors. „

" Lorsqu'une force électromotrice agit sur un milieu conducteur (***), elle y produit un courant; mais si le milieu est un non conducteur ou diélectrique, le courant ne peut s'établir à travers le milieu, dans la direction de la force électromotrice... „

" Quelle que soit la nature de l'électricité (iv), et quoi que nous entendions par mouvement d'électricité, le phénomène que nous avons appelé *déplacement électrique* est un mouvement d'électricité, dans le même sens que le transport d'une quantité déterminée d'électricité à travers un fil est un mouvement d'électricité. „

Ou ce langage ne veut rien dire, ou il signifie ce qui suit : Lorsqu'une force électromotrice agit sur une partie élémentaire du diélectrique, l'état de neutralité électrique de cette partie est troublé; *l'électricité s'y déplace dans la direction de la force électromotrice; elle s'accumule en excès à l'extrémité par où la force électromotrice sort de la particule, en sorte que cette extrémité s'électrise* POSITIVEMENT, *tandis qu'elle abandonne l'extrémité par où la force électromotrice entre dans la particule, et cette extrémité s'électrise* NÉGATIVEMENT.

(*) J. Clerk Maxwell, *Traité élémentaire d'Électricité*, p. 62.
(**) J. Clerk Maxwell, *Traité d'Électricité et de Magnétisme*, t. I, p. 174.
(***) *Ibid.*, p. 69.
(iv) *Ibid.*, p. 73.

Comment deux propositions aussi manifestement contradictoires pouvaient-elles se présenter au même instant à l'esprit de Maxwell et, toutes deux à la fois, entraîner son adhésion ? C'est un étrange problème de psychologie scientifique que nous livrons aux méditations du lecteur.

§ 2. *Développement de la troisième électrostatique de Maxwell*

Si l'on passe condamnation sur cette première contradiction, si l'on admet les égalités (91), (92) et (93), les équations de la troisième électrostatique de Maxwell se déroulent, au cours de son *Traité*, exemptes de ces continuels changements de signe qui interrompaient la marche de la deuxième électrostatique.

Si P, Q, R sont les composantes de la force électromotrice, les composantes f, g, h du déplacement sont données par les égalités (*)

$$(94) \qquad f = \frac{K}{4\pi} P, \qquad g = \frac{K}{4\pi} Q, \qquad h = \frac{K}{4\pi} R,$$

où K est le *pouvoir inducteur spécifique* du diélectrique.

L'*énergie électrostatique* du milieu est donnée par la proposition suivante (**) :

« L'expression la plus générale de l'énergie électrique pour l'unité de volume du milieu est le demi-produit de l'intensité électromotrice et de la polarisation électrique par le cosinus de l'angle compris entre leurs directions. »

« Dans tous les diélectriques fluides, l'intensité électromotrice et la polarisation électrique sont dans la même direction. »

Pour ces derniers corps (***), l'énergie électrostatique est donc

$$(95) \qquad U = \frac{1}{2} \int (Pf + Qg + Rh)\, d\omega.$$

(*) J. Clerk Maxwell, *Traité d'Électricité et de Magnétisme*, t. I, p. 73 ; t. II, p. 287.

(**) *Ibid.*, t. I, p. 67.

(***) *Ibid.*, t. I, p. 176 ; t. II, p. 304.

C'est d'ailleurs pour les mêmes corps que les équations (94) sont valables, ce qui permet de donner de l'énergie électrostatique ces deux autres expressions (*) :

$$(96) \qquad U = \frac{1}{8\pi} \int K\,(P^2 + Q^2 + R^2)\,d\omega,$$

$$(97) \qquad U = 2\pi \int \frac{f^2 + g^2 + h^2}{K}\,d\omega.$$

Dans le cas où le système est en équilibre électrique, les lois de l'électrodynamique montrent qu'il existe une certaine fonction $\Psi\,(x, y, z)$ telle que l'on ait (**)

$$(98) \qquad P = -\frac{\delta\Psi}{\delta x}, \qquad Q = -\frac{\delta\Psi}{\delta y}, \qquad R = -\frac{\delta\Psi}{\delta z}.$$

Les expressions (95) et (96) de l'énergie interne d'un système en équilibre peuvent alors s'écrire (***).

$$(99) \qquad U = -\frac{1}{2} \int \left(\frac{\delta\Psi}{\delta x} f + \frac{\delta\Psi}{\delta y} g + \frac{\delta\Psi}{\delta z} h \right) d\omega,$$

$$(100) \qquad U = \frac{1}{8\pi} K \int \left[\left(\frac{\delta\Psi}{\delta x}\right)^2 + \left(\frac{\delta\Psi}{\delta y}\right)^2 + \left(\frac{\delta\Psi}{\delta z}\right)^2 \right] d\omega.$$

Une intégration par parties permet de transformer l'égalité (99) en l'égalité

$$U = \frac{1}{2} \int \Psi \left(\frac{\delta f}{\delta x} + \frac{\delta g}{\delta y} + \frac{\delta h}{\delta z} \right) d\omega$$

$$+ \frac{1}{2} \int \Psi\, [f_1 \cos(N_1, x) + g_1 \cos(N_1, y) + h_1 \cos(N_1, z)$$

$$+ f_2 \cos(N_2, x) + g_2 \cos(N_2, y) + h_2 \cos(N_2, z)]\, dS,$$

(*) J. Clerk Maxwell, *Traité d'Électricité et de Magnétisme*, t. I, p. 176.
(**) *Ibid.*, t. II, p. 274, équations (B).
(***) *Ibid.*, t. II, p. 303.

la dernière intégrale s'étendant aux diverses surfaces de discontinuité.

Par l'emploi des formules (91), (92) et (93), cette égalité devient (*)

$$(101) \qquad U = \frac{1}{2} \int \Psi e \, d\omega + \frac{1}{2} \int \Psi E \, dS.$$

D'ailleurs, en vertu des égalités (94) et (98), on a

$$(102) \quad f = - \frac{K}{4\pi} \frac{\delta\Psi}{\delta x}, \qquad g = - \frac{K}{4\pi} \frac{\delta\Psi}{\delta y}, \qquad h = - \frac{K}{4\pi} \frac{\delta\Psi}{\delta z}$$

et les relations (91) et (92) deviennent

$$(103) \quad \frac{\delta}{\delta x}\left(K \frac{\delta\Psi}{\delta x}\right) + \frac{\delta}{\delta y}\left(K \frac{\delta\Psi}{\delta y}\right) + \frac{\delta}{\delta z}\left(K \frac{\delta\Psi}{\delta z}\right) + 4\pi e = 0,$$

$$(104) \qquad K_2 \frac{\delta\Psi}{\delta N_1} + K_2 \frac{\delta\Psi}{\delta N_2} + 4\pi E = 0.$$

Maxwell, qui donne ces égalités (**), les introduit dans son *Traité* non pas par le raisonnement précédent, mais par un rapprochement étrange et peu saisissable entre ces égalités et les relations de Poisson

$$(105) \qquad \frac{\delta^2 V}{\delta x^2} + \frac{\delta^2 V}{\delta y^2} + \frac{\delta^2 V}{\delta z^2} + 4\pi e = 0,$$

$$(106) \qquad \frac{\delta V}{\delta N_1} + \frac{\delta V}{\delta N_2} + 4\pi E = 0,$$

auxquelles satisfait la fonction

$$(107) \qquad V = \int \frac{e}{r} \, d\omega + \int \frac{E}{r} \, d\omega.$$

(*) J. Clerk Maxwell, *Traité d'Électricité et de Magnétisme* t. I, p. 108 ; t. II, p. 303.

(**) *Ibid.*, t. I, p. 104.

Dans une note (*) ajoutée à la traduction française du *Traité* de Maxwell, M. Potier a déjà fait justice de ce rapprochement; il est bon d'insister sur ce qu'il a de fallacieux.

Les égalités (105) et (106) sont des conséquences purement algébriques de la forme analytique de la fonction V, forme donnée par l'égalité (107); au contraire, la forme analytique de la fonction Ψ est inconnue et les égalités (103) et (104) résultent d'hypothèses physiques.

§ 3. *Retour à la première électrostatique de Maxwell*

Les équations que nous venons d'écrire offrent une profonde analogie avec les équations auxquelles conduit la théorie de la conductibilité de la chaleur; dans son *Traité d'Électricité et de Magnétisme,* Maxwell ne reprend pas ce rapprochement, qui avait été le point de départ de ses recherches sur les milieux diélectriques; mais il y insiste dans son *Traité élémentaire d'Électricité* (**). Et en effet, on passe aisément des formules sur la théorie de la chaleur, données au Chapitre II, aux formules que Maxwell donne dans son *Traité d'Électricité et de Magnétisme* si, entre les grandeurs qui figurent dans ces formules, on établit le tableau de correspondance que voici :

Théorie de la Chaleur	*Électrostatique*
T, température;	Ψ;
u, v, w, composantes du flux de chaleur;	f, g, h, composantes du déplacement électrique;
k, coefficient de conductibilité calorifique;	$\dfrac{K}{4\pi}$, le pouvoir inducteur spécifique étant K;
j, intensité d'une source solide de chaleur;	e, densité électrique solide;
J, intensité d'une source superficielle de chaleur.	E, densité électrique superficielle.

(*) J. Clerk Maxwell, *Traité d'Électricité et de Magnétisme*, t. I, p. 106.
(**) J. Clerk Maxwell, *Traité élémentaire d'Électricité*, p. 64.

Dès lors, les égalités (33), (34) et (35) se transforment en les égalités (102), (103) et (104).

Mais en développant sa première électrostatique, Maxwell, nous l'avons vu, avait admis que la fonction Ψ s'exprimait analytiquement, comme la fonction potentielle V dont il est fait usage en l'électrostatique classique, par la formule

$$\Psi = \int \frac{e}{r}\, d\omega + \int \frac{E}{r}\, dS.$$

Dans son *Traité d'Électricité et de Magnétisme* (*), au contraire, il met son lecteur en garde contre cette confusion; il nomme *distribution électrique apparente* une distribution dont la densité solide e' et la densité superficielle E' feraient connaître la fonction Ψ par la formule

$$(107^{\text{bis}}) \qquad \Psi = \int \frac{e'}{r}\, d\omega + \int \frac{E'}{r}\, dS.$$

Selon les théorèmes de Poisson, on aurait alors les égalités

$$(105^{\text{bis}}) \qquad \frac{\delta^2\Psi}{\delta x^2} + \frac{\delta^2\Psi}{\delta y^2} + \frac{\delta^2\Psi}{\delta z^2} + 4\pi e' = 0,$$

$$(106^{\text{bis}}) \qquad \frac{\delta\Psi}{\delta N_1} + \frac{\delta\Psi}{\delta N_2} + 4\pi E' = 0.$$

En comparant ces égalités aux égalités (103) et (104), on voit que les *densités apparentes* e', E', ne peuvent être égales aux densités e, E. En particulier, les égalités (103) et (105bis) donnent,

$$(108) \qquad 4\pi\,(Ke' - e) = \frac{\delta K}{\delta x}\frac{\delta\Psi}{\delta x} + \frac{\delta K}{\delta y}\frac{\delta\Psi}{\delta y} + \frac{\delta K}{\delta z}\frac{\delta\Psi}{\delta z}.$$

(*) J. Clerk Maxwell, *Traité d'Électricité et de Magnétisme*, t. I, p. 104.

Les égalités (104) et (106bis) donnent (*)

$$(109) \quad \begin{cases} 4\pi \, (K_2 E' - E) = (K_1 - K_2) \, \dfrac{\delta \Psi}{\delta N_1}, \\[2mm] 4\pi \, (K_1 E' - E) = (K_2 - K_1) \, \dfrac{\delta \Psi}{\delta N_2}. \end{cases}$$

Ce serait ici, semble-t-il, le lieu de juger cette électrostatique de Maxwell et de voir si elle peut s'accorder avec les lois connues; mais un élément nous manque pour mener à bien cette discussion; cet élément, c'est la notion de *flux de déplacement,* qui appartient à l'électrodynamique.

(*) Ces égalités (109) sont, dans toutes les éditions du *Traité* de Maxwell, remplacées par des égalités erronées. En la traduction française, le terme K e' de l'égalité (108) est remplacé par e'; cette erreur ne se trouve pas dans la première édition anglaise.

DEUXIÈME PARTIE

L'ÉLECTRODYNAMIQUE DE MAXWELL

CHAPITRE PREMIER

Flux de conduction et flux de déplacement

§ 1. *Du flux de conduction*

Le théoricien cherche à donner des lois physiques une représentation construite au moyen de symboles mathématiques; cette
représentation doit être aussi simple que possible; les grandeurs
distinctes qui servent à signifier les qualités regardées comme
premières et irréductibles doivent donc être aussi peu nombreuses
que possible. Lors donc que des faits nouveaux sont découverts,
que l'expérience en a déterminé les lois, le physicien doit s'efforcer
d'exprimer ces lois au moyen des signes déjà en usage dans la
théorie, de les formuler au moyen de grandeurs déjà définies.
C'est seulement lorsqu'il a reconnu la vanité d'une semblable
tentative, l'impossibilité de faire rentrer les lois nouvelles dans les
anciennes théories, qu'il se décide à introduire dans la physique des
grandeurs inusitées jusqu'alors, à fixer les propriétés de ces grandeurs par des hypothèses qui n'avaient pas encore été énoncées.

Ainsi, lorsque Œrstedt, puis Ampère, eurent découvert et étudié les actions électrodynamiques et électromagnétiques, les physiciens s'efforcèrent d'en formuler les lois sans introduire dans la science d'autres grandeurs que celles qui avaient suffi jusque-là à représenter tous les phénomènes électriques et magnétiques, savoir : la *densité électrique* et l'*intensité d'aimantation;* l'exacte connaissance de la distribution qu'affecte, à un instant donné, l'électricité répandue sur un conducteur, devait, pensaient-ils, suffire à déterminer les actions que ce conducteur exerce à cet instant. Ampère ne crut pas ces tentatives indignes de son génie; mais ayant enfin reconnu qu'elles étaient condamnées à l'impuissance, il imagina de définir les propriétés d'un fil conducteur à un instant donné en indiquant non seulement quelle est, à cet instant et en chaque point du fil, la valeur de la densité électrique, mais encore quelle est la valeur d'une grandeur nouvelle, l'*intensité du courant* qui traverse le fil.

Si l'on se place au point de vue de la logique pure, l'opération qui consiste à introduire, dans une théorie physique, de nouvelles grandeurs pour représenter des propriétés nouvelles est une opération entièrement arbitraire; en fait, le théoricien se laisse guider, dans cette opération, par une foule de considérations étrangères au domaine propre de la physique, en particulier par les suppositions que lui suggèrent, touchant la nature des phénomènes étudiés, les doctrines philosophiques dont il se réclame, les explications que l'on prise en son temps et en son pays. Ainsi, pour définir les grandeurs propres à réduire en théorie les lois des attractions et des répulsions électriques, les physiciens s'étaient inspirés de l'opinion qui attribuait ces actions à un fluide ou à deux fluides. De même, pour définir des grandeurs propres à représenter les phénomènes électrodynamiques, ils se sont laissé guider par l'idée qu'un *courant* de fluide électrique parcourait le conducteur interpolaire et ils ont imité les formules qui, depuis Euler, servaient à étudier l'écoulement d'un fluide.

L'analogie hydrodynamique avait déjà fourni à Fourier le système de symboles mathématiques par lequel il est parvenu à représenter la propagation de la chaleur par conductibilité; elle a fourni à G. S. Ohm, à Smaasen, à G. Kirchhoff le moyen de compléter, dans le sens indiqué par Ampère, la représentation mathématique des phénomènes électriques.

 à l'imitation de la *vitesse* qu'offre, en chaque point, un fluide qui s'écoule, on imagine, en chaque point du corps conducteur et à chaque instant, une grandeur dirigée, le *flux électrique*.

Entre les composantes de la vitesse d'un fluide en mouvement et la densité de ce fluide, existe une relation, la *relation de continuité;* à l'imitation de cette relation, on admet, entre les composantes u, v, w du flux électrique qui se rapporte au point (x, y, z) du conducteur et à l'instant t, et la densité électrique solide σ au même point et au même instant, l'existence de l'égalité

$$(1) \qquad \frac{\delta u}{\delta x} + \frac{\delta v}{\delta y} + \frac{\delta w}{\delta z} + \frac{\delta \sigma}{\delta t} = 0.$$

A cette relation, on en joint une qui concerne la densité superficielle Σ en un point de la surface de contact de deux milieux distincts 1 et 2 :

$$(2) \qquad u_1 \cos (N_1, x) + v_1 \cos (N_1, y) + w_1 \cos (N_1, z)$$
$$+ u_2 \cos (N_2, x) + v_2 \cos (N_2, y) + w_2 \cos (N_2, z) + \frac{\delta \Sigma}{\delta t} = 0.$$

Dans l'esprit des premiers physiciens qui les ont considérées, les quantités u, v, w représentaient, en chaque point et à chaque instant, les composantes de la vitesse avec laquelle se meut le fluide électrique; nous ne devons pas hésiter, aujourd'hui, à laisser de côté toute supposition de ce genre et à regarder simplement u, v, w, comme trois certaines grandeurs, variables avec les coordonnées et avec le temps et vérifiant les égalités (1) et (2).

Pour connaître complètement les propriétés d'un conducteur à un *instant isolé t*, il faut connaître, en tout point du conducteur, les valeurs des variables u, v, w, σ et, en outre, en tout point des surfaces de discontinuité, la valeur de la variable Σ. Lorsqu'on se propose de fixer les propriétés d'un conducteur à *tous les instants d'un certain laps de temps*, c'est seulement à l'instant initial qu'il faut donner les valeurs des cinq grandeurs σ, Σ, u, v, w; aux autres instants, il suffit de donner les valeurs des variables u, v, w; σ, Σ s'en déduisent en intégrant les équations (1) et (2).

§ 2. *Du flux de déplacement*

Pour représenter les lois connues qui régissent les actions des corps diélectriques, Faraday, Mossotti et leurs successeurs se contentaient de considérer une seule grandeur dirigée, variable d'un point à l'autre et d'un instant à l'autre, l'*intensité de polarisation*, de composantes A, B, C.

Bien qu'aucune expérience, à l'époque où il écrivait, ne justifiât ni ne suggérât même une semblable hypothèse, Maxwell admit que la connaissance, à un *instant isolé t* de la durée, des trois composantes A, B, C de la polarisation ne déterminait pas complètement les propriétés du diélectrique à cet instant ; que ce corps possédait des propriétés, encore inconnues, qui, à l'instant *t*, dépendaient non seulement de l'intensité de polarisation ou *déplacement*, mais encore du *flux de déplacement*, grandeur dirigée de composantes

$$(3) \qquad \bar{u} = \frac{\delta A}{\delta t}, \qquad \bar{v} = \frac{\delta B}{\delta t}, \qquad \bar{w} = \frac{\delta C}{\delta t}.$$

Les six variables A, B, C, $\bar{u}$, $\bar{v}$, $\bar{w}$ ont des valeurs qui peuvent être choisies arbitrairement pour un *instant isolé ;* mais il n'en est pas de même pour tous les instants d'un certain laps de temps ; si, pour tous ces instants, on connaît les valeurs de A, B, C, on connaît par le fait même les valeurs de $\bar{u}$, $\bar{v}$, $\bar{w}$.

Si on la présente, ainsi que nous venons de le faire, comme l'introduction purement arbitraire d'une grandeur nouvelle dont aucune expérience n'exigeait l'emploi, la définition, donnée par Maxwell, du flux de déplacement apparaît comme une étrangeté. Elle devient, au contraire, très naturelle et, pour ainsi dire, forcée si l'on tient compte des circonstances historiques et psychologiques.

Au cours de ses recherches sur les diélectriques, Maxwell, nous l'avons vu, ne cesse de s'inspirer des hypothèses de Faraday et de Mossotti. A l'imitation de ce que Coulomb et Poisson avaient supposé pour les aimants, Faraday et Mossotti avaient imaginé un diélectrique comme un amas de petits grains conducteurs noyés dans un ciment isolant, chaque petit grain conducteur portant

autant d'électricité positive que d'électricité négative; assurément
Maxwell, dans tous ses écrits, regarde cette image sinon comme
une représentation fidèle de la réalité, du moins comme un *modèle*
suggérant des propositions toujours vérifiées.

Si, avec Faraday et Mossotti, on regarde un diélectrique polarisé
comme un ensemble de molécules conductrices sur lesquelles
l'électricité est distribuée d'une certaine manière, tout changement dans l'état de polarisation du diélectrique consiste en
une modification de la distribution électrique sur les molécules
conductrices; ce changement de polarisation est donc accompagné
de véritables courants électriques, dont chacun est localisé en un
très petit espace. D'ailleurs, on voit sans peine que ces courants
correspondent, en chaque point du diélectrique, à un *flux moyen*
dont les composantes sont précisément données par les égalités (3).
Ce flux moyen n'est donc autre chose que le flux de déplacement.

Dans son mémoire : *On physical Lines of Force*, Maxwell
écrit (*), en invitant son lecteur à se reporter aux travaux de
Mossotti : " Une force électromotrice, agissant sur un diélectrique,
produit un état de polarisation de ses parties semblable à la distribution de la polarité sur les particules du fer que l'on soumet à
l'influence de l'aimant; tout comme la polarisation magnétique,
cette polarisation diélectrique peut être représentée comme un
état en lequel les deux pôles de chaque particule sont dans des
conditions opposées. „

" Dans un diélectrique soumis à l'induction, nous pouvons concevoir que l'électricité est déplacée en chaque molécule de telle
manière que l'une de ses extrémités est rendue positive et l'autre
négative; mais l'électricité demeure entièrement confinée en
chaque molécule et ne peut passer d'une molécule à l'autre. „

" L'effet de cette action sur l'ensemble de la masse diélectrique
est de produire un déplacement général de l'électricité dans une
certaine direction. Le déplacement ne peut donner naissance à un
courant, car, aussitôt qu'il a atteint une certaine valeur, il demeure
constant; mais il constitue un commencement de courant, et ses
variations constituent des courants dirigés dans le sens positif ou

---

(*) J. Clerk Maxwell, Scientific Papers, vol. I, p. 491.

dans le sens négatif, selon que le déplacement augmente ou diminue. La grandeur du déplacement dépend de la nature du corps et de la grandeur de la force électromotrice; en sorte que si h est le déplacement, R la force électromotrice et E un coefficient qui dépend de la nature du diélectrique, on a

$$R = -\ 4\pi E^2 h \quad (*).$$

" Si r est la valeur du courant électrique dû au déplacement, on a

$$r = \frac{dh}{dt} \cdot \text{"}$$

Ce passage, le premier où Maxwell ait mentionné le courant de déplacement, porte la marque indiscutable des idées de Mossotti qui ont conduit le physicien écossais à imaginer ce courant.

Il exprime si exactement, d'ailleurs, la conception que Maxwell s'est formée de ce courant, que nous le trouvons reproduit presque textuellement dans le mémoire : *A dynamical Theory of the electromagnetic Field* (**); dans le *Traité d'Électricité et de Magnétisme* (***), nous lisons ce passage plus bref : " Les variations du déplacement électrique produisent évidemment des courants électriques. Mais ces courants ne peuvent exister que pendant que le déplacement varie, et, par suite, le déplacement ne pouvant dépasser une certaine valeur sans produire une décharge disruptive, ils ne peuvent continuer indéfiniment dans la même direction, comme font les courants dans les conducteurs. "

" Quelle que soit la nature de l'électricité, et quoi que nous entendions par mouvement d'électricité, ajoute Maxwell (iv), le phénomène que nous avons appelé *déplacement électrique* est un

---

(*) Nous avons insisté [1re Partie, Chapitre III] sur la faute de signe qui affecte cette égalité.

(**) J. Clerk Maxwell, Scientific Papers, vol. I, p. 531.

(***) J. Clerk Maxwell, *Traité d'Électricité et de Magnétisme*, trad. française, t. I, p. 69.

(iv) J. Clerk Maxwell, *Traité d'Électricité et de Magnétisme*, trad. française, t. I, p. 73.

mouvement d'électricité dans le même sens que le transport
d'une quantité déterminée d'électricité à travers un fil est un
mouvement d'électricité. „

Un flux de déplacement est donc essentiellement, et au même
titre qu'un flux de conduction, un flux électrique; en tout corps
conducteur, diélectrique ou magnétique, il produit la même induction, la même aimantation, les mêmes forces électrodynamiques
ou électromagnétiques qu'un flux de conduction de même grandeur et de même direction. Un courant ou un aimant exerce les
mêmes forces sur un diélectrique parcouru par des flux de déplacement que sur un conducteur qui occuperait la place de ce
diélectrique et dont la masse serait parcourue par des flux de
conduction égaux à ces flux de déplacement.

On ne devra donc jamais, dans les calculs électrodynamiques,
faire figurer isolément le flux de conduction dont u, v, w sont les
composantes; toujours, on devra considérer le *flux total,* somme
géométrique du flux de conduction et du flux de déplacement,
dont $\bar{u}, \bar{v}, \bar{w}$ sont les composantes. Ce principe est appliqué par
Maxwell en ses divers écrits sur l'électricité (*); il constitue l'un
des fondements de sa doctrine électrodynamique, l'une de ses
innovations les plus audacieuses et les plus fécondes, ainsi qu'il
le marque lui-même en ce passage (**) : " Une des particularités
les plus importantes de ce Traité consiste dans cette théorie que le
courant électrique vrai duquel dépendent les phénomènes électromagnétiques n'est pas identique au courant de conduction, et que,
pour évaluer le mouvement total d'électricité, on doit tenir compte
de la variation dans le temps du déplacement électrique. „

(*) J. Clerk Maxwell, *On physical Lines of Force* (SCIENTIFIC PAPERS, vol. I,
p. 496). — *A dynamical Theory of the electromagnetic Field* (SCIENTIFIC PAPERS,
vol. I, p. 554). — *Traité d'Électricité et de Magnétisme,* trad. française, t. II,
p. 288.

(**) J. Clerk Maxwell, *Traité d'Électricité et de Magnétisme,* trad. française,
t. II, p. 288.

§ 3. *Dans la théorie de Maxwell, le flux total est-il un flux uniforme ?*

Supposons qu'en chaque point pris à l'intérieur d'un domaine continu on ait l'égalité

$$(4) \qquad \frac{\delta u}{\delta x} + \frac{\delta v}{\delta y} + \frac{\delta w}{\delta z} = 0$$

et, en chaque point d'une surface de discontinuité, que l'on ait l'égalité

$$(5) \qquad u_1 \cos(N_1, x) + v_1 \cos(N_1, y) + w_1 \cos(N_1, z)$$
$$+ u_2 \cos(N_2, x) + v_2 \cos(N_2, y) + w_2 \cos(N_2, z) = 0.$$

Alors, on aura, au premier point, en vertu de l'égalité (1),

$$\frac{\delta \sigma}{\delta t} = 0$$

et, au second point, en vertu de l'égalité (2),

$$\frac{\delta \Sigma}{\delta t} = 0.$$

La distribution de l'électricité réelle sur le système demeurera invariable.

On donne le nom de *flux de conduction uniformes* à des flux de conduction qui vérifient les égalités (4) et (5).

Des *flux de déplacement uniformes* sont des flux de déplacement qui vérifient l'égalité

$$(6) \qquad \frac{\delta \overline{u}}{\delta x} + \frac{\delta \overline{v}}{\delta y} + \frac{\delta \overline{w}}{\delta z} = 0$$

en tout point d'un milieu continu et l'égalité

$$(7) \qquad \overline{u}_1 \cos(N_1, x) + \overline{v}_1 \cos(N_1, y) + \overline{w}_1 \cos(N_1, z)$$
$$+ \overline{u}_2 \cos(N_2, x) + \overline{v}_2 \cos(N_2, y) + \overline{w}_2 \cos(N_2, z) = 0$$

en tout point d'une surface de discontinuité.

Si l'on admet la définition des densités électriques fictives e, E, donnée par les égalités (13) et (14) de la première partie :

$$(8) \qquad e = - \left(\frac{\delta A}{\delta x} + \frac{\delta B}{\delta y} + \frac{\delta C}{\delta z} \right),$$

$$(9) \qquad E = - [A_1 \cos(n_1, x) + B_1 \cos(n_1, y) + C_1 \cos(n_1, z)$$
$$+ A_2 \cos(n_2, x) + B_2 \cos(n_2, y) + C_2 \cos(n_2, z)],$$

on peut écrire, en général, en vertu des égalités (3),

$$(10) \qquad \frac{\delta \overline{u}}{\delta x} + \frac{\delta \overline{v}}{\delta y} + \frac{\delta \overline{w}}{\delta z} + \frac{\delta e}{\delta t} = 0,$$

$$(11) \qquad \overline{u}_1 \cos(N_1, x) + \overline{v}_1 \cos(N_1, y) + \overline{w}_1 \cos(N_1, z)$$
$$+ \overline{u}_2 \cos(N_2, x) + \overline{v}_2 \cos(N_2, y) + \overline{w}_2 \cos(N_2, z) + \frac{\delta E}{\delta t} = 0.$$

Les flux de déplacement uniformes vérifient donc les égalités

$$\frac{\delta e}{\delta t} = 0, \qquad \frac{\delta E}{\delta t} = 0,$$

d'où résulte, en tout le système, l'invariabilité de la distribution électrique fictive équivalente à la polarisation diélectrique.

Il peut arriver que ni les flux de conduction, ni les flux de déplacement ne soient séparément uniformes, mais que *le flux total,* dont les composantes sont $(u + \overline{u})$, $(v + \overline{v})$, $(w + \overline{w})$, *soit uniforme;* il vérifiera, en tout point d'un milieu continu, l'égalité

$$(12) \qquad \frac{\delta}{\delta x}(u + \overline{u}) + \frac{\delta}{\delta y}(v + \overline{v}) + \frac{\delta}{\delta z}(w + \overline{w}) = 0$$

et, en tout point d'une surface de discontinuité, l'égalité

$$(13) \quad (u_1 + \overline{u}_1) \cos(N_1, x) + (v_1 + \overline{v}_1) \cos(N_1, y) + (w_1 + \overline{w}_1) \cos(N_1, z)$$
$$+ (u_2 + \overline{u}_2) \cos(N_2, x) + (v_2 + \overline{v}_2) \cos(N_2, y) + (w_2 + \overline{w}_2) \cos(N_2, z) = 0.$$

De ces égalités (12) et (13) découlent, en vertu des égalités (1), (2), (10) et (11), les égalités

$$(14) \qquad \frac{\delta}{\delta t} (\sigma + e) = 0,$$

$$(15) \qquad \frac{\delta}{\delta t} (\Sigma + E) = 0.$$

La distribution électrique réelle peut varier d'un instant à l'autre; il en est de même de la distribution fictive équivalente à la polarisation diélectrique; mais en chaque point soit d'un milieu continu, soit d'une surface de discontinuité, la somme de la densité électrique réelle et de la densité électrique fictive garde une valeur indépendante du temps, en sorte que les actions électrostatiques qui s'exercent dans le système restent les mêmes d'un instant à l'instant suivant.

Admettre que le flux total est toujours uniforme ce serait, pour celui qui reconnaîtrait en même temps la légitimité de toutes les équations précédentes, nier les phénomènes électrostatiques les mieux constatés; ce serait, par exemple, nier qu'un condensateur puisse se décharger au travers d'un conducteur immobile jeté entre les deux armatures.

L'hypothèse qu'en tout système, en toutes circonstances, le flux total est toujours uniforme est, de l'aveu de tous les commentateurs de Maxwell, l'un des principes essentiels sur lesquels repose la doctrine du physicien écossais. Suivons, au cours de ses écrits, la formation de cette hypothèse.

Dans le mémoire : *On Faraday's Lines of Force*, le premier que Maxwell ait consacré aux théories de l'électricité, il n'est point encore question de courant de déplacement; le courant de conduction est seul considéré; ce qui en est dit s'accorde sans peine avec les considérations générales que nous avons exposées au § 1; en particulier, Maxwell admet (*) que la somme $\left(\frac{\delta u}{\delta x} + \frac{\delta v}{\delta y} + \frac{\delta w}{\delta z} \right)$ a une valeur, généralement différente de 0,

---

(*) J. Clerk Maxwell, Scientific papers, vol. I, p. 192.

qu'il désigne par —$4\pi\rho$; il ajoute seulement ces mots : « Dans une large classe de phénomènes, qui comprend tous les cas où les courants sont uniformes, la quantité ρ disparaît. »

A la page suivante, en se fondant sur les propriétés électromagnétiques bien connues d'un courant fermé (*), Maxwell montre que les trois composantes u, v, w du flux de conduction peuvent se mettre sous la forme

$$(16) \qquad \left\{ \begin{aligned} -u &= \frac{\delta\gamma}{\delta y} - \frac{\delta\beta}{\delta z}, \\ -v &= \frac{\delta\alpha}{\delta z} - \frac{\delta\gamma}{\delta x}, \\ -w &= \frac{\delta\beta}{\delta x} - \frac{\delta\alpha}{\delta y}, \end{aligned} \right.$$

α, β, γ étant trois fonctions d'x, y, z qu'il nomme les composantes de l'*intensité magnétique*; de ces égalités découle visiblement la relation (4); elles ne s'appliquent donc qu'aux flux uniformes ; cette conclusion ne doit point étonner, l'uniformité du courant étant postulée dans les prémisses mêmes du raisonnement qui donne les égalités (16).

Maxwell remarque cette conclusion, mais il n'a garde d'en déduire l'impossibilité de courants non uniformes : « On peut observer, dit-il (**), que les équations précédentes donnent, par différentiation,

$$\frac{\delta u}{\delta x} + \frac{\delta v}{\delta y} + \frac{\delta w}{\delta z} = 0,$$

ce qui est l'équation de continuité des courants uniformes. Par conséquent, nos recherches seront, pour le moment, limitées aux courants uniformes; d'ailleurs, nous savons peu de chose des effets magnétiques produits par des courants qui ne sont pas uniformes. »

(*) Nous reviendrons sur cette démonstration au Chapitre II, § 1.
(**) J. Clerk Maxwell, *loc. cit.*, p. 195.

C'est à partir du mémoire : *On physical Lines of Force* que s'introduit, dans l'œuvre de Maxwell, la distinction entre les courants de conduction et les courants de déplacement.

Au point (x, y, z), la vitesse instantanée moyenne de rotation de l'éther a pour composantes α, β, γ; cette vitesse représente (*), dans la théorie cinétique que Maxwell développe en ce mémoire, *l'intensité du champ magnétique;* posant alors

$$(17) \quad \begin{cases} \dfrac{\delta\gamma}{\delta y} - \dfrac{\delta\beta}{\delta z} = - 4\pi u, \\[2ex] \dfrac{\delta\alpha}{\delta z} - \dfrac{\delta\gamma}{\delta x} = - 4\pi v, \\[2ex] \dfrac{\delta\beta}{\delta x} - \dfrac{\delta\alpha}{\delta y} = - 4\pi w, \end{cases}$$

Maxwell admet (**) que u, v, w représentent, au point (x, y, z), les composantes du flux de conduction; *le flux de conduction est donc uniforme par définition.* Cette proposition n'a d'ailleurs rien qui puisse surprendre dans un écrit où, implicitement, la densité électrique vraie σ est toujours supposée égale à 0 et où, seule, est introduite la densité électrique fictive e, équivalente à la polarisation diélectrique.

Celle-ci est liée (***) aux composantes du flux total par l'équation de continuité :

$$(18) \quad \frac{\delta}{\delta x} (u + \bar{u}) + \frac{\delta}{\delta y} (v + \bar{v}) + \frac{\delta}{\delta z} (w + \bar{w}) + \frac{\delta e}{\delta t} = 0,$$

qui peut aussi bien s'écrire, à cause des égalités (17),

$$\frac{\delta\bar{u}}{\delta x} + \frac{\delta\bar{v}}{\delta y} + \frac{\delta\bar{w}}{\delta z} + \frac{\delta e}{\delta t} = 0.$$

Si donc, en ce mémoire, Maxwell définit les flux de conduction

---

(*) J. Clerk Maxwell, Scientific Papers, vol. I, p. 460.
(**) J. Clerk Maxwell, *loc. cit.*, vol. I, p. 462.
(***) J. Clerk Maxwell, *loc. cit.*, égalité (113), vol. I, p. 496.

comme étant essentiellement uniformes, il n'a garde de poser le même postulat touchant les flux de déplacement.

Il en est de même dans le mémoire : *A dynamical Theory of the electromagnetic Field ;* à l'aide des lois connues de l'électromagnétisme, lois qui supposent essentiellement les courants fermés et uniformes, Maxwell établit (*) les équations (17), qu'il regarde comme s'appliquant à tous les courants de conduction; il admet donc par là que ces courants sont toujours uniformes. Mais il se garde bien d'étendre cette proposition au flux total; celui-ci vérifie (**) l'égalité (18), ce qui entraîne, pour le flux de déplacement, l'égalité (19).

Lorsque, dans ce même mémoire, Maxwell développe la théorie de la propagation, dans un milieu diélectrique, des flux de déplacement, il se garde bien de prétendre que ces flux soient toujours et nécessairement des flux transversaux, soumis à la condition

$$\frac{\delta \overline{u}}{\delta x} + \frac{\delta \overline{v}}{\delta y} + \frac{\delta \overline{w}}{\delta z} = 0.$$

Il admet, au contraire, qu'en chaque point la densité apparente e peut varier d'un instant à l'autre et il établit (***) la loi qui régit cette variation; toutefois, pour se débarrasser des flux longitudinaux qui se trouveraient ainsi introduits et qui entraveraient la théorie électromagnétique de la lumière, il ajoute ces mots : " Si la substance est un isolant parfait, la densité e de l'électricité libre est indépendante du temps ". Rien dans les idées émises par Maxwell au cours de ce mémoire ou de ses écrits précédents ne justifie cette conclusion; la densité e, liée aux variations du déplacement électrique, n'y dépend en aucune façon du courant de conduction.

La théorie électromagnétique de la lumière, cependant, exige que les flux de déplacement dans un diélectrique non conducteur se propagent suivant les mêmes lois que les petits mouvements dans un solide élastique et non compressible; les principes posés par Maxwell dans ses divers mémoires ne satisfont pas à cette

---

(*) J. Clerk Maxwell, SCIENTIFIC PAPERS, vol. I, p. 557.
(**) J. Clerk Maxwell, *loc. cit.*, p. 561, égalité (H).
(***) J. Clerk Maxwell, *loc. cit.*, vol. I, p. 582.

exigence; il n'en est pas de même de la singulière théorie que Maxwell développe en son *Traité d'Électricité et de Magnétisme*, et que nous avons nommée sa *troisième Électrostatique*.

Il n'existe nulle part d'autre charge électrique que la charge fictive due à la polarisation diélectrique, d'autre densité que les densités e, E; c'est à ces densités que les composantes du flux de conduction seront reliées par les relations de continuité prises sous leur forme habituelle. En tout point d'un milieu continu, on aura (*)

$$(19) \qquad \frac{\delta u}{\delta x} + \frac{\delta v}{\delta y} + \frac{\delta w}{\delta z} + \frac{\delta e}{\delta t} = 0.$$

En tout point d'une surface de discontinuité, on aura (**)

$$(20) \qquad u_1 \cos (N_1, x) + v_1 \cos (N_1, y) + w_1 \cos (N_1, z)$$
$$+ u_2 \cos (N_2, x) + v_2 \cos (N_2, y) + w_2 \cos (N_2, z) + \frac{\delta E}{\delta t} = 0.$$

Mais, d'autre part, les densités e, E sont liées aux composantes A, B, C, de l'intensité de polarisation diélectrique, que Maxwell désigne par f, g, h et nomme composantes du *déplacement;* la relation entre ces quantités est donnée par les égalités suivantes, que nous avons commentées dans la première partie de cet écrit (***) et que Maxwell a soin de rappeler (ᴵᴵ) auprès des égalités que nous venons d'écrire :

$$(21) \qquad e = \frac{\delta A}{\delta x} + \frac{\delta B}{\delta y} + \frac{\delta C}{\delta z},$$

$$(22) \quad E = A_1 \cos (N_1, x) + B_1 \cos (N_1, y) + C_1 \cos (N_1, z)$$
$$+ A_2 \cos (N_2, x) + B_2 \cos (N_2, y) + C_2 \cos (N_2, z).$$

(*) J. Clerk Maxwell, *Traité d'Électricité et de Magnétisme*, trad. française, t. I, p. 506, égalité (2). On observera que ce passage contredit ce que donne Maxwell à la p. 470, où il semble admettre que tout courant de conduction est uniforme, conformément à ses anciennes idées.

(**) J. Clerk Maxwell, *loc. cit*, t. I, p. 510, égalité (5).

(***) 1ʳᵉ partie, égalités (91) et (92).

(ᴵᴵ) J. Clerk Maxwell, *Traité d'Électricité et de Magnétisme*, trad. française, t. I, p. 506, égalité (1) et p. 510, égalité (4).

Différentions ces égalités par rapport à t, en tenant compte des égalités (3) qui définissent les flux de déplacement, et nous trouvons

$$(23) \qquad \frac{\delta \bar{u}}{\delta x} + \frac{\delta \bar{v}}{\delta y} + \frac{\delta \bar{w}}{\delta z} - \frac{\delta e}{\delta t} = 0,$$

$$(24) \qquad \bar{u}_1 \cos (N_1, x) + \bar{v}_1 \cos (N_1, y) + \bar{w}_1 \cos (N_1, z)$$
$$+ \bar{u}_2 \cos (N_2, x) + \bar{v}_2 \cos (N_2, y) + \bar{w}_2 \cos (N_2, z) - \frac{\delta E}{\delta t} = 0.$$

Comme on devait s'y attendre, ces égalités diffèrent par le signe des termes en $\frac{\delta e}{\delta t}$, $\frac{\delta E}{\delta t}$, des égalités (10) et (11), qui découlent de la théorie habituelle de la polarisation diélectrique et que Maxwell admettait, avant d'avoir conçu l'électrostatique particulière qui est développée en son *Traité*.

Ajoutons membre à membre les égalités (19) et (23) d'une part, les égalités (20) et (24) d'autre part; nous trouvons en tout point d'un milieu continu, l'égalité

$$(25) \qquad \frac{\delta}{\delta x} (u + \bar{u}) + \frac{\delta}{\delta y} (v + \bar{v}) + \frac{\delta}{z_Q} (w + \bar{w}) = 0$$

et, en tout point d'une surface de discontinuité, l'égalité

$$(26) \qquad (u_1 + \bar{u}_1) \cos (N_1, x) + (v_1 + \bar{v}_1) \cos (N_1, y) + (w_1 + \bar{w}_1) \cos (N_1, z)$$
$$+ (u_2 + \bar{u}_2) \cos (N_2, x) + (v_2 + \bar{v}_2) \cos (N_2, y) + (w_2 + \bar{w}_2) \cos (N_2, z) = 0.$$

Ainsi donc, la dernière théorie électrostatique adoptée par Maxwell entraîne les conséquences suivantes :

Non seulement, au sein d'un milieu continu, les composantes du flux total vérifient la même relation que les composantes du flux au sein d'un liquide incompressible, mais encore, à la surface de séparation de deux milieux différents, le flux total n'éprouve aucun changement brusque ni de grandeur, ni de direction. Le flux total, en tout système, correspond à un courant fermé et uniforme.

Dès l'instant où Maxwell conçut sa troisième électrostatique, il entrevit cette conséquence, si favorable à ses idées sur la théorie électromagnétique de la lumière. Dans une note (*), où il fait remarquer que la polarisation d'une lame diélectrique placée entre deux conducteurs se dirige du conducteur A, électrisé positivement, au conducteur B, électrisé négativement, remarque qui le conduisait forcément à sa troisième électrostatique, puisqu'il n'admettait d'autre électrisation que l'électrisation fictive, il ajoutait : " Si les deux conducteurs en question sont réunis par un fil, un courant parcourra ce fil de A vers B. En même temps, il se produira dans le diélectrique une diminution du déplacement cette diminution sera équivalente, au point de vue électromagnétique, à un courant qui traverserait le diélectrique de B vers A. Selon cette manière de voir, le courant que l'on obtient en déchargeant un condensateur parcourt un circuit fermé. „

Plus tard, dans son *Traité d'Électricité et de Magnétisme*, Maxwell reprend (**) les mêmes considérations avec plus de développements :

" Considérons, dit-il, un condensateur formé de deux plateaux conducteurs A et B, séparés par une couche de diélectrique C. Soit W un fil conducteur joignant A et B, et supposons que, par l'action d'une force électromotrice, une quantité Q d'électricité positive soit transportée de B vers A... En même temps qu'une quantité d'électricité Q est transportée par la force électromotrice le long du fil de B en A, en traversant toutes les sections du fil, une quantité égale d'électricité traverse toutes les sections du diélectrique de A vers B, en vertu du déplacement électrique. „

" Un mouvement inverse de l'électricité se produira pendant la décharge du condensateur. Dans le fil, la décharge est Q de A vers B; dans le diélectrique, le déplacement disparaît, et une quantité Q traverse toutes les sections de B vers A. „

" Tous les cas d'électrisation et de décharge peuvent donc être considérés comme des mouvements s'exécutant dans un circuit

---

(*) J. Clerk Maxwell, *On a method of making a direct comparison of electrostatic with electromagnetic force; with a note on the electromagnetic theory of light*, lu à la Société Royale de Londres le 18 juin 1868 (PHILOSOPHICAL TRANSACTIONS, vol. CLVIII. — SCIENTIFIC PAPERS, vol. II, p. 139).

(**) J. Clerk Maxwell, *Traité d'Électricité et de Magnétisme*, trad. française, t. I, p. 71.

fermé tel qu'au même instant, il passe dans chaque section la même quantité d'électricité; il en est ainsi, non seulement dans le circuit voltaïque, pour lequel la chose avait toujours été reconnue, mais aussi dans les cas où l'on supposait généralement que l'électricité s'accumulait en certains points. „

« Nous sommes ainsi conduits à une conséquence très remarquable de la théorie que nous examinons; à savoir que les mouvements de l'électricité sont semblables à ceux d'un fluide incompressible... „

Ce passage est suivi, dans le *Traité* de Maxwell, de la phrase que voici : « ... C'est-à-dire qu'à chaque instant il doit entrer dans un espace fermé quelconque autant d'électricité qu'il en sort. „

En écrivant cette phrase, Maxwell oublie, pour un instant, le sens très particulier qu'a, dans sa dernière théorie, cette proposition : *le flux total est uniforme,* pour lui restituer le sens qu'elle a dans l'esprit de la plupart des physiciens, qu'elle avait dans ses premiers écrits. Mais c'est là une inadvertance manifeste. Il est bien vrai que les composantes du flux total vérifient les relations (25) et (26), analogues à celles qui caractérisent un écoulement uniforme; mais il n'est pas vrai que la quantité d'électricité contenue dans un espace donné soit toujours invariable, ni que les quantités $\frac{\delta e}{\delta t}$, $\frac{\delta E}{\delta t}$ soient partout égales à 0; c'est un des caractères paradoxaux de la dernière théorie de Maxwell, que l'uniformité du flux total n'entraîne nullement l'invariabilité de la distribution électrique ni des actions électrostatiques.

Toutefois, s'il n'est pas vrai que la quantité d'électricité contenue dans une surface fermée demeure toujours invariable, cette proposition devient vraie lorsque la surface fermée ne contient que des flux de déplacement, sans trace de flux de conduction — ou bien encore que des flux de conduction, sans trace de flux de déplacement; il suffit, pour s'en convaincre, de jeter les yeux soit sur les égalités (19) et (20), soit sur les égalités (21) et (22). Donc lorsque Maxwell, développant, en son *Traité,* la théorie électromagnétique de la lumière, écrit (*) : « Si le milieu n'est pas conducteur... la

---

(*) J. Clerk Maxwell, *Traité d'Électricité et de Magnétisme,* trad. française, t. II, p. 488.

densité en volume de l'électricité libre est indépendante de t „, il affirme une conséquence nécessaire de la doctrine développée en ce *Traité*; tandis que la même phrase, écrite par lui, à la même occasion, en son mémoire : *A dynamical Theory of the electromagnetic Field,* y constituait un paralogisme, en contradiction avec les idées admises au cours de ce mémoire.

Mais si la distribution électrique ne peut varier au sein d'un corps conducteur non diélectrique, non plus qu'au sein d'un diélectrique non conducteur, cette distribution peut varier d'un instant à l'autre à la surface par laquelle un milieu conducteur confine à un milieu diélectrique; ces variatious donnent lieu aux phénomènes de charge et de décharge que l'on étudie en électrostatique.

§ 4. *Retour à la troisième électrostatique de Maxwell. Jusqu'à quel point on peut la mettre d'accord avec l'électrostatique classique.*

Maxwell, nous l'avons vu [Ire Partie, Chapitre IV, § 3] évite, en sa troisième électrostatique, d'établir entre la fonction Ψ et les densités e, E, aucune relation autre que les égalités (103) et (105) ; dès lors, on serait porté à croire qu'il est permis de répéter ici tout ce que nous avons dit en la Ire Partie, Chapitre III, § 4 : de dénoncer comme illusoire la troisième électrostatique de Maxwell; ᵈe déclarer qu'elle ne renferme pas les éléments nécessaires pour mettre en équation le moindre problème de distribution électrique.

On serait d'autant plus tenté de formuler semblable jugement que, dans son *Traité d'Électricité et de Magnétisme,* Maxwell ne fait aucun usage de cette électrostatique ; il ne reprend même pas la solution des deux problèmes que, dans ses mémoires : *On physical Lines of Force* et *A dynamical Theory of the electromagnetic Field,* il avait tenté de résoudre; il ne traite ni la théorie du condensateur, ni la théorie des forces qui s'exercent entre des corps électrisés.

Sans doute, en son *Traité,* se lisent bien des chapitres ou des parties de chapitre qui traitent de la distribution électrique ou des forces électrostatiques. Mais les raisonnements qu'on y développe, les formules qu'on y emploie, ne découlent en aucune façon de l'électrostatique particulière dont nous avons analysé les principes; les uns et les autres dépendent de l'électrostatique fondée sur les lois de Coulomb, de l'électrostatique classique créée par Poisson.

Cependant, le jugement que nous venons d'esquisser serait injuste; on peut, dans le système de Maxwell, obtenir une mise en équation du problème électrostatique; il suffit d'introduire des suppositions convenables qui remplaceront l'expression analytique de la fonction potentielle déduite, dans la théorie ordinaire, des lois de Coulomb.

Et d'abord, à l'intérieur d'un corps conducteur, les composantes du flux de conduction sont proportionnelles aux composantes de la force électromotrice; pour qu'il y ait équilibre, il faut que les premières s'annulent et, partant les secondes, ce qu'expriment les égalités

$$\frac{\delta\Psi}{\delta x} = 0, \qquad \frac{\delta\Psi}{\delta y} = 0, \qquad \frac{\delta\Psi}{\delta z} = 0.$$

Sur une même masse conductrice, la fonction Ψ aura, en tout point, la même valeur.

A l'intérieur d'un corps non conducteur, le flux de conduction est partout nul. Dès lors, les égalités (25) et (26) deviennent

$$\frac{\delta\overline{u}}{\delta x} + \frac{\delta\overline{v}}{\delta y} + \frac{\delta\overline{w}}{\delta z} = 0,$$

$$\overline{u}_1 \cos(N_1, x) + \overline{v}_1 \cos(N_1, y) + \overline{w}_1 \cos(N_1, z)$$
$$+ \overline{u}_2 \cos(N_2, x) + \overline{v}_2 \cos(N_2, y) + \overline{w}_2 \cos(N_2, z) = 0$$

ou bien, en vertu des égalités (23) et (24),

$$\frac{\delta e}{\delta t} = 0, \qquad \frac{\delta E}{\delta t} = 0.$$

A l'intérieur d'un corps isolant continu ou à la surface de contact de deux corps isolants différents, la distribution électrique est invariable. On postulera alors, en général, que les deux densités sont égales à 0 :

$$e = 0, \qquad E = 0.$$

A la vérité, ce postulat ne se trouve pas explicitement énoncé dans les écrits de Maxwell, mais on peut dire qu'il s'y trouve implicitement ; à chaque instant, Maxwell, nous l'avons vu, répète que la charge électrique, effet résiduel de la polarisation, ne se fait pas sentir à l'extérieur du diélectrique, mais seulement à la surface de contact du conducteur et du diélectrique; d'ailleurs nous avons cité des passages de Faraday et de Mossotti où ces auteurs exprimaient une opinion semblable. On interprétera donc la pensée de Maxwell sans la fausser en exprimant que les deux densités électriques sont nulles en tout milieu isolant.

Dans la théorie classique, il convient de le remarquer, on est obligé d'introduire un postulat qui a des analogies avec le précédent ; là, à côté de la polarisation diélectrique et de la charge électrique *fictive* qui lui est équivalente, on considère une charge électrique *vraie;* sur un corps non conducteur, cette dernière affecte une distribution invariable que, dans chaque problème, on doit regarder comme donnée ; et, dans la plupart des cas, on suppose que la charge électrique vraie est nulle en tout point des corps isolants que l'on considère; mais cette hypothèse ne préjuge rien sur l'électrisation fictive et sur la polarisation à laquelle elle équivaut.

Dans le système de Maxwell, on ne rencontre plus de charge électrique vraie à côté de la charge électrique apparente qui équivaut à la polarisation diélectrique ; cette dernière seule existe. C'est à elle qu'appartient, sur les corps mauvais conducteurs, le caractère d'invariabilité, attribué par la théorie classique, à la charge électrique vraie ; c'est elle qui doit être regardée comme une donnée.

Si l'on égale à 0 les densités e, E, les égalités (103) et (104) de la première partie se transforment en l'égalité

$$\frac{\delta}{\delta x}\left(K\,\frac{\delta\Psi}{\delta x}\right) + \frac{\delta}{\delta y}\left(K\,\frac{\delta\Psi}{\delta y}\right) + \frac{\delta}{\delta z}\left(K\,\frac{\delta\Psi}{\delta z}\right) = 0,$$

vérifiée en tout point d'un milieu isolant continu, et en l'égalité

$$K_1\,\frac{\delta\Psi}{\delta N_1} + K_2\,\frac{\delta\Psi}{\delta N_2} = 0,$$

vérifiée à la surface de séparation de deux milieux isolants distincts.

On obtient ainsi des équations propres à déterminer la fonction Ψ; et qui plus est, ces équations sont celles qui serviraient à déterminer la fonction potentielle électrostatique, selon la théorie classique, dans un système où chaque diélectrique aurait un pouvoir inducteur spécifique proportionnel à K.

L'analogie entre la théorie de Maxwell et la théorie classique est complète, dans le cas où des conducteurs sont plongés dans *un seul diélectrique homogène*. Dans ce cas, la fonction Ψ, constante à l'intérieur de chaque conducteur, doit vérifier dans l'espace interposé l'égalité $\Delta\Psi = 0$; une fois déterminée par ces conditions, la fonction Ψ détermine à son tour la densité superficielle à la surface de chaque conducteur par l'égalité (104) de la première Partie, qui devient

$$\frac{\delta\Psi}{\delta N_e} = -\frac{4\pi}{K}\,E.$$

Il est clair, dès lors, que l'on peut écrire

$$\Psi = \frac{1}{K}\int \frac{E}{r}\,dS,$$

l'intégrale s'étendant à toutes les surfaces électrisées. L'énergie électrostatique a alors pour valeur

$$U = \frac{1}{2}\int \Psi E\,dS$$

ou bien

$$U = \frac{1}{2K}\int\int \frac{EE'}{r}\,dS\,dS'.$$

Comparons ces formules avec celles que donneraient les théories classiques, dont les principes sont rappelés au Chapitre Ier de la première Partie.

Supposons que, dans un milieu impolarisable, deux charges électriques q et q', séparées par la distance r, se repoussent avec une force $\epsilon\frac{qq'}{r^2}$. Désignons par F le coefficient de polarisation du milieu diélectrique et par V la fonction potentielle électrostatique totale que désigne, au Chapitre indiqué, la somme $(V + \overline{V})$. Soit Σ la densité superficielle réelle de l'électricité; elle correspond à une densité totale, tant réelle que fictive,

$$\Delta = \frac{\Sigma}{1 + 4\pi\epsilon F}.$$

La fonction V, constante sur chaque corps conducteur, est harmonique au sein du diélectrique; il en est évidemment de même de la fonction $\dfrac{\epsilon V}{1 + 4\pi\epsilon F}$.

On a d'ailleurs, à la surface de contact d'un conducteur et du diélectrique,

$$\frac{\delta V}{\delta N_e} = - 4\pi\Delta,$$

ce qui peut s'écrire

$$\frac{\delta}{\delta N_i} \frac{\epsilon V}{1 + 4\pi\epsilon F} = - \frac{4\pi\epsilon}{(1 + 4\pi\epsilon F)^2} \Sigma.$$

Enfin, l'énergie électrostatique a pour valeur

$$U = \frac{\epsilon}{2} \int \int \frac{\Delta\Delta'}{r} \, dS \, dS',$$

ce qui peut s'écrire

$$U = \frac{\epsilon}{2 (1 + 4\pi\epsilon F)^2} \int \int \frac{\Sigma\Sigma'}{r} \, dS \, dS'.$$

On voit que l'on passera des formules de Maxwell à celles-ci si l'on remplace

$$\begin{array}{ccc} E & \text{par} & \Sigma. \\[1em] \psi & \text{\guillemetright} & \dfrac{\epsilon V}{1 + 4\pi\epsilon F}, \\[1em] \psi & \text{\guillemetright} & \dfrac{(1 + 4\pi\epsilon F)^2}{\epsilon}. \end{array}$$

L'analogie des deux théories est alors complète.

L'analogie entre la théorie de Maxwell et la théorie classique n'est plus aussi complète dans le cas où le système renferme un diélectrique hétérogène ou plusieurs diélectriques distincts.

Supposons que des conducteurs 1 soient plongés dans un milieu diélectrique homogène et indéfini 0, et que, dans ce milieu, se trouve un autre corps diélectrique, également homogène, 2; aux diélectriques 0 et 2 correspondent des valeurs K_0, K_2 du coefficient K.

La fonction Ψ, qui est continue dans tout l'espace et constante à l'intérieur de chacun des conducteurs, vérifie l'équation $\Delta\Psi = 0$ aussi bien à l'intérieur du diélectrique 0 que du diélectrique 2.

A la surface de séparation du diélectrique 0 et du diélectrique 2, elle vérifie la relation

$$(a) \qquad K_0 \frac{\delta\Psi}{\delta N_0} + K_1 \frac{\delta\Psi}{\delta N_1} = 0.$$

A la surface de contact du corps 1 et du diélectrique 0 se trouve une densité superficielle E_{10} donnée par l'égalité

$$(b) \qquad E_{10} = -\frac{K_0}{4\pi} \frac{\delta\Psi}{\delta N_0}.$$

Enfin, l'énergie électrostatique a pour valeur

$$(c) \qquad U = \frac{1}{2} \int \Psi E_{10} \, dS_{10}.$$

Comparons ces relations avec celles que donne la théorie classique.

La fonction V, continue dans tout l'espace, constante à l'intérieur des conducteurs, est harmonique au sein des diélectriques.

A la surface de contact des diélectriques 0 et 2, on a

$$(\alpha) \qquad (1 + 4\pi\epsilon F_0) \frac{\delta V}{\delta N_0} + (1 + 4\pi\epsilon F_2) \frac{\delta V}{\delta N_2} = 0.$$

A la surface de contact du conducteur 1 et du diélectrique 0 se trouve une densité superficielle réelle

$$(\beta) \qquad \Sigma_{10} = - \frac{1 + 4\pi\epsilon F_0}{4\pi} \frac{\delta V}{\delta N_0}.$$

A la surface de contact des deux diélectriques se trouve une densité superficielle, purement fictive,

$$(\beta') \qquad \Delta_{20} = - \frac{1}{4\pi} \left(\frac{\delta V}{\delta N_0} + \frac{\delta V}{\delta N_2} \right)$$

$$= - \frac{\epsilon (F_2 - F_0)}{1 + 4\pi\epsilon F_2} \frac{\delta V}{\delta N_0},$$

et cette densité n'est pas nulle, en général, si F_2 n'est pas égal à F_0.

Enfin, l'énergie électrostatique a pour valeur

$$U = \frac{\epsilon}{2} \int V\Delta_{10}\, dS_{10} + \frac{\epsilon}{2} \int V\Delta_{20}\, dS_{20}$$

ou

$$(\gamma) \qquad U = \frac{\epsilon}{2(1 + 4\pi\epsilon F_0)} \int V\Sigma_{10}\, dS_{10} + \frac{\epsilon}{2} \int V\Delta_{20}\, dS_{20}.$$

Peut-on passer du premier groupe de formules au second en remplaçant E_{10} par Σ_{10} et Ψ par λV, λ étant une constante convenablement choisie ?

La comparaison des égalités (b) et (β) donnerait

$$(1 + 4\pi\epsilon F_0) = K_0\lambda.$$

Celle des égalités (a) et (α) donnerait

$$\frac{1 + 4\pi\epsilon F_2}{1 + 4\pi\epsilon F_0} = \frac{K_2}{K_0}.$$

On aurait donc, d'une manière générale,

$$K\lambda = (1 + 4\pi\epsilon F).$$

L'égalité (c) deviendrait

$$U = \frac{\lambda}{2} \int V\Sigma_{10} \, dS_{10}.$$

Si nous posions

$$\lambda = \frac{\epsilon}{1 + 4\pi\epsilon F_0},$$

nous retrouverions le premier terme de l'expression (γ), mais point le second.

Nous arrivons donc à la conclusion suivante :

Si O désigne le milieu polarisable éthéré où tous les corps sont censés plongés ; si F_0 est le coefficient de polarisation diélectrique de ce milieu; si F_2 est le coefficient de polarisation diélectrique du corps plongé dans ce milieu; si, enfin, dans les équations de la troisième électrostatique de Maxwell on remplace :

La densité électrique E à la surface des conducteurs	par la densité électrique réelle Σ,
La fonction Ψ	par la fonction $\dfrac{\epsilon V}{1 + 4\pi\epsilon F_0}$, où V est la fonction potentielle électrostatique,
Le coefficient K_0	par $\dfrac{(1 + 4\pi\epsilon F_0)^2}{\epsilon}$,
Le coefficient K_2	par $\dfrac{(1 + 4\pi\epsilon F_0)(1 + 4\pi\epsilon F_2)}{\epsilon}$,
Partant, le rapport $\dfrac{K_2}{K_0}$	par $\dfrac{1 + 4\pi\epsilon F_2}{1 + 4\pi\epsilon F_0}$,

on retrouve les formules par lesquelles l'électrostatique classique détermine la valeur de la fonction potentielle en tout le système et la distribution réelle de l'électricité sur les conducteurs, en sorte que, pour ces problèmes, les deux électrostatiques fournissent des solutions équivalentes.

L'équivalence se poursuit si l'on veut étudier les forces pondéromotrices produites entre conducteurs électrisés dans un système qui ne renferme pas d'autre diélectrique que le milieu O.

Mais s'il existe un autre diélectrique 2, la transformation précédente, appliquée à l'énergie électrostatique de Maxwell, ne donne pas l'énergie électrostatique classique; il y manque le terme

$$\frac{\epsilon}{2} \int V \Delta_{20}\, dS_{20} = - \frac{\epsilon}{8\pi} \int V \left(\frac{\delta V}{\delta N_0} + \frac{\delta V}{\delta N_2} \right) dS_{20}$$

$$= - \frac{\epsilon\, (F_2 - F_0)}{1 + 4\pi\epsilon F_2} \int V \frac{\delta V}{\delta N_0}\, dS_{20}$$

qui s'écrirait aussi, en vertu des équivalences que nous venons d'indiquer,

$$- \frac{\epsilon}{8\pi\lambda^2} \int \Psi \left(\frac{\delta\Psi}{\delta N_0} + \frac{\delta\Psi}{\delta N_2} \right) dS_{20} = - \frac{(1 + 4\pi\epsilon F_0)^2}{8\pi\epsilon} \int \Psi \left(\frac{\delta\Psi}{\delta N_0} + \frac{\delta\Psi}{\delta N_2} \right) dS_{20}$$

$$= - \frac{K_0}{8\pi} \int \Psi \left(\frac{\delta\Psi}{\delta N_0} + \frac{\delta\Psi}{\delta N_2} \right) dS_{20}$$

$$= - \frac{K_2 - K_0}{8\pi} \int \Psi \frac{\delta\Psi}{\delta N_2}\, dS_{20}$$

$$= - \frac{K_2 - K_0}{8\pi} \int_2 \left[\left(\frac{\delta\Psi}{\delta x} \right)^2 + \left(\frac{\delta\Psi}{\delta y} \right)^2 + \left(\frac{\delta\Psi}{\delta z} \right)^2 \right] dw_2.$$

On voit que ce terme ne peut être nul, si le champ électrique n'est pas nul et si le diélectrique 2 diffère du milieu 0.

La présence ou l'absence de ce terme différenciera la loi des forces pondéromotrices qui s'exercent dans le système considéré selon la doctrine classique ou selon la doctrine de Maxwell.

Or, les recherches de M. Gouy (*), qui sont d'ailleurs sur ce point une suite naturelle des nôtres (**), ont montré que la doctrine classique rendait parfaitement compte des actions observées entre conducteurs et diélectriques par divers physiciens, notamment par M. Pellat. Il faut en conclure qu'en général, ces actions ne s'accordent pas avec l'électrostatique de Maxwell.

(*) Gouy, Journal de Physique, 3ᵉ série, t. V, p. 154, 1896.
(**) P. Duhem, *Leçons sur l'Électricité et le Magnétisme*, t. II, 1892.

CHAPITRE II

Les six équations de Maxwell et l'énergie électromagnétique

§ 1. *Les trois relations entre les composantes du champ électrique et les composantes du flux.*

Supposons qu'un courant électrique uniforme parcoure un fil disposé selon le contour C d'une aire A; regardons cette aire de telle façon que nous voyons le courant circuler en sens contraire des aiguilles d'une montre; nous regarderons la face *positive* de l'aire A (fig. 1).

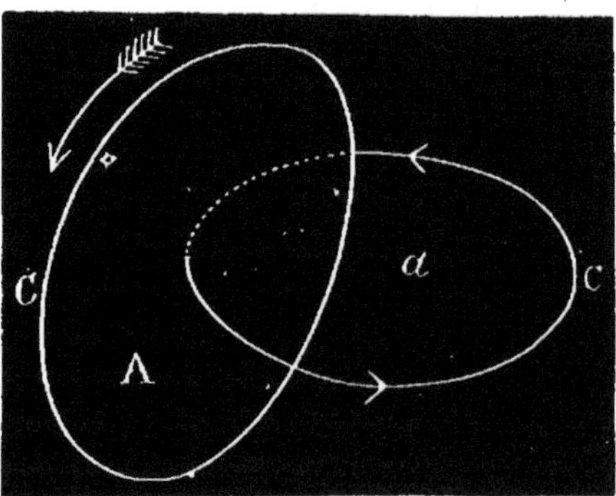

Si un pôle magnétique, renfermant l'unité de magnétisme austral, est placé en présence de ce courant, il est soumis à une force dont α, β, γ, sont les composantes; cette force est ce que Maxwell nomme la *force magnétique*, ce que, plus justement, on nomme aujourd'hui le *champ magnétique*.

Supposons que ce pôle unité décrive une courbe fermée *c*, que cette courbe perce une et une seule fois l'aire A, et qu'elle la perce en passant de la face négative à la face positive; la force à laquelle le pôle est soumis effectue un certain travail que représente l'intégrale

$$\int_c (\alpha\, dx + \beta\, dy + \gamma\, dz)$$

étendue à la courbe fermée c.

Les lois de l'électromagnétisme, établies par Biot et Savart, par Laplace, par Ampère et par Savary, font connaître les propriétés des grandeurs α, β, γ. Ces lois conduisent à la conséquence suivante :

Le travail dont nous venons de donner l'expression ne dépend ni de la forme de la courbe c, ni de la forme de la courbe C; il ne dépend que de l'intensité du courant qui parcourt la courbe C; si cette intensité J est mesurée en unités électromagnétiques, il a pour valeur $4\pi J$:

$$(27) \qquad \int_c (\alpha\, dx + \beta\, dy + \gamma\, dz) = 4\pi J.$$

Cette égalité peut s'interpréter un peu autrement. Supposons que la courbe c soit le contour d'une aire a. Si nous regardons l'aire a de telle sorte que nous voyons le pôle d'aimant tourner en sens inverse des aiguilles d'une montre, nous dirons que nous regardons la *face positive* de l'aire a.

Il est clair que le courant qui parcourt le fil C perce l'aire a en passant du côté négatif au côté positif; et comme, au travers de chaque section du fil C, il transporte dans le temps dt, une quantité $dQ = J dt$ d'électricité positive, on peut dire que l'aire a est traversée, pendant le temps dt, du côté négatif au côté positif, par une quantité d'électricité positive $dQ = J dt$. L'égalité (27) peut donc s'écrire

$$(28) \qquad dt \int_c (\alpha\, dx + \beta\, dy + \gamma\, dz) = 4\pi dQ.$$

Cette égalité s'étend sans peine au cas où le champ renferme un nombre quelconque de fils parcourus par des courants fermés et uniformes. Si une courbe fermée c, parcourue dans un sens déterminé, est le contour d'une aire a et si dQ est la quantité d'électricité positive qui, dans le temps dt, perce l'aire a du côté négatif au côté positif, l'égalité (28) demeure exacte.

La démonstration suppose que la courbe c n'a aucun point commun avec les fils conducteurs qui transportent l'électricité; pour affranchir l'égalité (28) de cette restriction, certaines précautions seraient nécessaires; sans s'y attarder, Maxwell admet que l'égalité (28) s'étend même au cas où la courbe fermée c est tracée au sein d'un corps que des flux électriques parcourent d'une manière continue.

Dans ce dernier cas, la quantité dQ se relie simplement à ces flux.

Soient $d\sigma$ un élément de l'aire a ; u, v, w les composantes du flux électrique en ce point; N la normale à cet élément, menée dans un sens tel qu'elle perce l'aire a du côté négatif au côté positif; dans le même sens, et pendant le temps dt, l'aire $d\sigma$ livre passage à une quantité d'électricité

$$[u \cos (N, x) + v \cos (N, y) + w \cos (N, z)]\, d\sigma\, dt$$

et l'aire a tout entière à une quantité d'électricité

$$dt \int_a [u \cos (N, x) + v \cos (N, y) + w \cos (N, z)]\, d\sigma = dQ.$$

L'égalité (28) devient donc

$$(29) \quad \int (\alpha\, dx + \beta\, dy + \gamma\, dz) - 4\pi \int_a [u \cos (N, x) + v \cos (N, y) + w \cos (N, z)]\, d\sigma = 0.$$

Or, une formule souvent employée par Ampère et dont la forme générale est due à Stokes permet d'écrire

$$\int_c (\alpha\, dx + \beta\, dy + \gamma\, dz) = - \int_a \left[\left(\frac{\delta\gamma}{\delta y} - \frac{\delta\beta}{\delta z} \right) \cos (N, x) \right.$$
$$+ \left(\frac{\delta\alpha}{\delta z} - \frac{\delta\gamma}{\delta x} \right) \cos (N, y)$$
$$\left. + \left(\frac{\delta\beta}{\delta x} - \frac{\delta\alpha}{\delta y} \right) \cos (N, z) \right]\, d\sigma.$$

L'égalité (29) peut donc s'écrire

$$\int_a \left[\left(\frac{\delta\gamma}{\delta y} - \frac{\delta\beta}{\delta z} + 4\pi u \right) \cos (N, x) + \left(\frac{\delta\alpha}{\delta z} - \frac{\delta\gamma}{\delta x} + 4\pi v \right) \cos (N, y) \right.$$
$$\left. + \left(\frac{\delta\beta}{\delta x} - \frac{\delta\alpha}{\delta y} + 4\pi w \right) \cos (N, z) \right] d\sigma = 0.$$

Cette égalité doit être vraie pour toute aire a tracée à l'intérieur du corps que parcourent les flux électriques. Pour cela, on le voit sans peine, il faut et il suffit que l'on ait, en tout point de ce corps, les trois égalités

$$(30) \qquad \left\{ \begin{aligned} \frac{\delta\gamma}{\delta y} - \frac{\delta\beta}{\delta z} &= -4\pi u, \\[2mm] \frac{\delta\alpha}{\delta z} - \frac{\delta\gamma}{\delta x} &= -4\pi v, \\[2mm] \frac{\delta\beta}{\delta x} - \frac{\delta\alpha}{\delta y} &= -4\pi w. \end{aligned} \right.$$

Ces trois équations, auxquelles Maxwell attribue un rôle essentiel, se trouvent établies, dans son plus ancien mémoire (*) sur l'électricité, par une démonstration que de simples nuances distinguent de la précédente; cette démonstration il la reproduit (**) ou l'esquisse (***) dans tous ses écrits ultérieurs.

Dans son mémoire : *On Faraday's Lines of Force*, Maxwell fait suivre les équations (30) de la remarque que voici : " Nous pouvons observer que les équations précédentes donnent par différentiation

$$\frac{\delta u}{\delta x} + \frac{\delta v}{\delta y} + \frac{\delta w}{\delta z} = 0,$$

(*) J. Clerk Maxwell, *On Faraday's Lines of Force* (Scientific Papers, vol. I, p. 194). En réalité, dans ce mémoire, Maxwell omet le facteur 4π; en outre les signes des seconds membres sont changés par suite d'une orientation différente des axes des coordonnées.

(**) J. Clerk Maxwell, *On physical Lines of Force* (Scientific Papers, vol. I, p. 462). — *Traité d'Électricité et de Magnétisme*, trad. française, t. II, p. 285.

(***) J. Clerk Maxwell, *A dynamical Theory of the electromagnetic Field* (Scientific Papers, vol. I, p. 557).

ce qui est l'équation de continuité pour les courants fermés. Toutes nos investigations se borneront donc, à partir de ce moment, aux courants fermés; et nous connaissons peu de chose des effets magnétiques des courants qui ne seraient pas fermés. „

La condition d'uniformité, imposée aux courants dans les prémisses du raisonnement, se retrouve dans les conséquences; Maxwell qui, à l'époque où il écrivait les lignes précédentes, professait sur les courants électriques les mêmes idées que tous les physiciens, se garde bien d'en conclure que tous les courants soient nécessairement uniformes, mais seulement que l'application des équations (30) se doit limiter aux courants uniformes.

La même observation se retrouve dans le *Traité d'Électricité et de Magnétisme;* mais, selon la doctrine exposée dans ce Traité, si le flux de conduction et le flux de déplacement peuvent être séparément non uniformes, le flux total, obtenu par la composition des deux précédents, est toujours uniforme; les équations (30) seront donc exemptes de toute exception " si nous considérons u, v, w comme les composantes du flux électrique total comprenant la variation de déplacement électrique, aussi bien que la conduction proprement dite „. En d'autres termes, on pourra, en tout état de cause, écrire les relations

$$(31) \quad \left\{ \begin{array}{l} \dfrac{\delta\gamma}{\delta y} - \dfrac{\delta\beta}{\delta z} = - 4\pi\,(u + \bar{u}), \\[2ex] \dfrac{\delta\alpha}{\delta z} - \dfrac{\delta\gamma}{\delta x} = - 4\pi\,(v + \bar{v}), \\[2ex] \dfrac{\delta\beta}{\delta x} - \dfrac{\delta\alpha}{\delta y} = - 4\pi\,(w + \bar{w}). \end{array} \right.$$

§ 2. *L'état électrotonique et le potentiel magnétique dans le mémoire :*
On Faraday's Lines of Force.

Le groupe de trois équations que nous venons d'étudier ne constitue pas, à lui seul, tout l'électromagnétisme de Maxwell. Il est complété par une série de propositions essentielles. La forme de ces propositions, la suite de déductions et d'inductions qui les fournit, varient d'un écrit à l'autre; nous devrons donc analyser successivement chacun des mémoires composés sur l'électricité par le physicien écossais; selon l'ordre chronologique, nous commencerons par le mémoire intitulé : *On Faraday's Lines of Force*.

Dans ce mémoire, comme dans ses autres écrits antérieurs au *Traité d'Électricité et de Magnétisme*, Maxwell ne tient jamais compte des surfaces de discontinuité que peut présenter le système; il faut donc, pour suivre sa pensée, supposer que deux milieux distincts sont toujours reliés par une *couche de passage* très mince, mais continue; il suffit que la remarque en ait été faite pour que toute difficulté soit écartée de ce côté.

Il n'en est pas de même des difficultés causées par les erreurs matérielles de calcul et, particulièrement, par les fautes de signe; elles sont incessantes dans le passage que nous nous proposons d'analyser et jettent quelque incertitude sur la pensée de l'auteur.

Aux composantes α, β, γ du *champ magnétique* qu'il nomme tantôt *force magnétique*, tantôt *intensité magnétique* et tantôt *force magnétisante effective*, Maxwell adjoint une autre grandeur, de composantes A, B, C (*), qu'il nomme *induction magnétique;* ce mot qui, dans des écrits plus récents, prendra un autre sens, désigne assurément ici la grandeur que l'on considère habituellement, dans la théorie du magnétisme, sous le nom d'*intensité d'aimantation;* conformément aux idées de Poisson, on doit avoir [1re Partie, égalité (2)]

$$(32) \qquad \frac{\delta A}{\delta x} + \frac{\delta B}{\delta y} + \frac{\delta C}{\delta z} = - \rho,$$

ρ étant la densité du fluide magnétique fictif, que Maxwell nomme la *matière magnétique réelle* (**).

(*) Nous ne conservons pas ici les notations de Maxwell.

(**) J. Clerk Maxwell, *On Faraday's Lines of Force* (SCIENTIFIC PAPERS, vol I, p. 192). En réalité, au lieu de ρ, Maxwell écrit 4πρ; en outre, dans le passage indiqué, le signe du second membre de l'égalité (32) est changé; mais il se trouve rétabli à la p. 201.

Entre les grandeurs A, B, C et les composantes α, β, γ du champ existent les relations

$$(33) \qquad A = \frac{\alpha}{K}, \qquad B = \frac{\beta}{K}, \qquad C = \frac{\gamma}{K},$$

où K désigne la *résistance à l'induction magnétique* (*); si l'on continue à rapprocher la théorie de Maxwell de la théorie de Poisson, on reconnaît que cette résistance est l'inverse du coefficient d'aimantation.

Soit V la fonction continue, nulle à l'infini, que définit l'équation

$$(34) \qquad \Delta V + 4\pi\rho = 0.$$

Cette fonction ne sera autre chose que la *fonction potentielle magnétique* introduite en physique par Poisson.

Considérons les différences

$$(35) \qquad \begin{cases} a = A - \dfrac{1}{4\pi} \dfrac{\delta V}{\delta x}, \\[2mm] b = B - \dfrac{1}{4\pi} \dfrac{\delta V}{\delta y}, \\[2mm] c = C - \dfrac{1}{4\pi} \dfrac{\delta V}{\delta z}. \end{cases}$$

Selon les égalités (32) et (34), ces différences vérifieront la relation

$$(36) \qquad \frac{\delta a}{\delta x} + \frac{\delta b}{\delta y} + \frac{\delta c}{\delta z} = 0.$$

Or un théorème d'analyse, souvent employé par Stokes, par Helmholtz, par W. Thomson, enseigne qu'à trois fonctions a, b, c,

---

(*) J. Clerk Maxwell, *loc. cit.*, p. 192.

liées par la relation (36), on peut toujours associer trois autres fonctions F, G, H, telles que l'on ait

$$(37) \quad \begin{cases} a = -\dfrac{1}{4\pi}\left(\dfrac{\delta H}{\delta y} - \dfrac{\delta G}{\delta z}\right), \\[2ex] b = -\dfrac{1}{4\pi}\left(\dfrac{\delta F}{\delta z} - \dfrac{\delta H}{\delta x}\right), \\[2ex] c = -\dfrac{1}{4\pi}\left(\dfrac{\delta G}{\delta x} - \dfrac{\delta F}{\delta y}\right) \end{cases}$$

et

$$(38) \quad \frac{\delta F}{\delta x} + \frac{\delta G}{\delta y} + \frac{\delta H}{\delta z} = 0.$$

Dès lors, les égalités (35) peuvent s'écrire

$$(39) \quad \begin{cases} 4\pi A = \dfrac{\delta V}{\delta x} - \left(\dfrac{\delta H}{\delta y} - \dfrac{\delta G}{\delta z}\right), \\[2ex] 4\pi B = \dfrac{\delta V}{\delta y} - \left(\dfrac{\delta F}{\delta z} - \dfrac{\delta H}{\delta x}\right), \\[2ex] 4\pi C = \dfrac{\delta V}{\delta z} - \left(\dfrac{\delta G}{\delta x} - \dfrac{\delta F}{\delta y}\right). \end{cases}$$

Empruntant une dénomination par laquelle Faraday désignait une conception assez vague, Maxwell (*) donne aux quantités F, G, H le nom de *composantes de l'état électrotonique* au point (x, y, z).

Quel sera le rôle physique attribué à ces grandeurs ? L'étude du potentiel électromagnétique d'un système va nous l'apprendre.

Revenons aux équations (30).

Dans un système qui ne renferme pas de courant, où, par conséquent, u, v, w sont partout égaux à 0, ces équations nous enseignent que les composantes α, β, γ du champ magnétique sont les trois dérivées partielles d'une même fonction ; quelle est cette

---

(*) J. Clerk Maxwell, *loc. cit.*, p. 203 ; les quantités F, G, H sont désignées par α_0, β_0, γ_0.

fonction ? Guidé par la théorie classique, Maxwell admet (*) que c'est la fonction $-V$, en sorte que, dans un système qui renferme des aimants et point de courant, on a

$$(40) \qquad \alpha = -\frac{\delta V}{\delta x}, \qquad \beta = -\frac{\delta V}{\delta y}, \qquad \gamma = -\frac{\delta V}{\delta z}.$$

Lorsqu'un système d'aimants se meut, les forces qui s'exercent dans ce système, conformément aux lois classiques que Maxwell admet et que traduisent les égalités précédentes, effectuent un certain travail; selon un théorème bien connu, ce travail est la diminution subie par l'expression

$$\frac{1}{2} \int V\rho \, d\omega,$$

où l'intégrale s'étend à tous les éléments de volume $d\omega$ du système. Pourquoi Maxwell (**) omet-il le facteur $^1/_2$ et écrit-il ces lignes : " Le travail total produit durant un déplacement quelconque d'un système magnétique est égal au décroissement de l'intégrale

$$(41) \qquad E = \int V\rho \, d\omega$$

étendue à tout le système, intégrale que nous nommerons le *potentiel total du système sur lui-même* „ ? On n'y voit point de raison. Toujours est-il qu'il serait impossible de corriger cette erreur et de restituer à E sa véritable valeur sans ruiner, par le fait même, toute la déduction que nous voulons analyser. Passons donc condamnation sur cette erreur et poursuivons.

L'égalité (41) peut encore s'écrire, en vertu de l'égalité (32),

$$E = - \int V \left(\frac{\delta A}{\delta x} + \frac{\delta B}{\delta y} + \frac{\delta C}{\delta z} \right) d\omega$$

ou

$$E = \int \left(A \frac{\delta V}{\delta x} + B \frac{\delta V}{\delta y} + C \frac{\delta V}{\delta z} \right) d\omega$$

(*) J. Clerk Maxwell, *loc. cit.*, p. 202. En réalité, en ce passage, Maxwell dit V; mais à la page suivante, il rétablit un signe exact.

(**) J. Clerk Maxwell, *loc. cit.*, p. 203.

ou enfin (*), en vertu des égalités (40),

$$(42) \qquad E = - \int (A\alpha + B\beta + C\gamma)\, d\omega.$$

Maxwell admet (**) que cette expression du potentiel s'étend au cas où le système renferme non seulement des aimants, mais encore des courants. Faisant alors usage des égalités (39), l'égalité (42) peut s'écrire

$$(43) \qquad E = - \frac{1}{4\pi} \int \left(\alpha \frac{\delta V}{\delta x} + \beta \frac{\delta V}{\delta y} + \gamma \frac{\delta V}{\delta z} \right) d\omega$$

$$+ \frac{1}{4\pi} \int \left[\left(\frac{\delta H}{\delta y} - \frac{\delta G}{\delta z} \right) \alpha + \left(\frac{\delta F}{\delta z} - \frac{\delta H}{\delta x} \right) \beta + \left(\frac{\delta G}{\delta x} - \frac{\delta F}{\delta y} \right) \gamma \right] d\omega.$$

On trouve sans peine, en vertu des égalités (40) et (34),

$$\int \left(\alpha \frac{\delta V}{\delta x} + \beta \frac{\delta V}{\delta y} + \gamma \frac{\delta V}{\delta z} \right) d\omega = - \int \left[\left(\frac{\delta V}{\delta x} \right)^2 + \left(\frac{\delta V}{\delta y} \right)^2 + \left(\frac{\delta V}{\delta z} \right)^2 \right] d\omega$$

$$= \int V \Delta V\, d\omega = - 4\pi \int V\rho\, d\omega.$$

D'autre part, en tenant compte des égalités (30), on trouve

$$\int \left[\left(\frac{\delta H}{\delta y} - \frac{\delta G}{\delta z} \right) \alpha + \left(\frac{\delta F}{\delta z} - \frac{\delta H}{\delta x} \right) \beta + \left(\frac{\delta G}{\delta x} - \frac{\delta F}{\delta y} \right) \gamma \right] d\omega$$

$$= \int \left[\left(\frac{\delta \gamma}{\delta y} - \frac{\delta \beta}{\delta z} \right) F + \left(\frac{\delta \alpha}{\delta z} - \frac{\delta \gamma}{\delta x} \right) G + \left(\frac{\delta \beta}{\delta x} - \frac{\delta \alpha}{\delta y} \right) H \right] d\omega$$

$$= - 4\pi \int (Fu + Gv + Hw)\, d\omega.$$

(*) J. Clerk Maxwell, *loc. cit.*, p. 203, change le signe du second membre.
(**) J. Clerk Maxwell, *loc. cit.*, p. 203.

L'égalité (43) devient donc (*)

$$(44) \qquad E = \int V\rho \, d\omega - \int (Fu + Gv + Hw) \, d\omega.$$

Parvenu à cette formule, Maxwell se propose de tirer du principe de la conservation de l'énergie les lois de l'induction électromagnétique, imitant, comme il le reconnaît (**), le raisonnement bien connu de Helmholtz dans son Mémoire : *Ueber die Erhaltung der Kraft.*

Imaginons, dit-il, que des causes extérieures lancent des courants dans le système. Ces causes *fournissent* du travail sous deux formes.

En premier lieu, elles surmontent la résistance que les conducteurs opposent au passage de l'électricité; si l'on désigne par E_x, E_y, E_z, les composantes du champ électromoteur en un point, le travail fourni dans ce but, pendant le temps dt, est

$$- dt \int (E_x u + E_y v + E_z w) \, d\omega.$$

En second lieu, elles fournissent du travail mécanique qui met le système en mouvement; le travail ainsi fourni pendant le temps dt est, par hypothèse, égal à l'accroissement de la quantité Q pendant le même temps; sans justifier l'omission du terme $\int V\rho \, d\omega$, Maxwell réduit (***) cet accroissement à

$$- dt \frac{d}{dt} \int (Fu + Gv + Hw) \, d\omega$$

ou bien encore, en supposant u, v, w invariables, à

$$- dt \int \left(\frac{dF}{dt} u + \frac{dG}{dt} v + \frac{dH}{dt} w \right) d\omega.$$

(*) J. Clerk Maxwell, *loc. cit.*, p. 203.
(**) J. Clerk Maxwell, *loc. cit.*, p. 204.
(***) J. Clerk Maxwell, *loc. cit.*, p. 204.

Si l'on suppose que les causes extérieures disparaissent, et que les courants soient exclusivement engendrés par l'induction que le système exerce sur lui-même, le travail fourni par ces causes extérieures doit être égal à 0, d'où l'égalité

$$dt \int \left(\frac{dF}{dt} u + \frac{dG}{dt} v + \frac{dH}{dt} w \right) d\omega + dt \int (E_x u + E_y v + E_z w) d\omega = 0$$

qui peut encore s'écrire

$$(45) \qquad \int \left[\left(\frac{dF}{dt} + E_x \right) u + \left(\frac{dG}{dt} + E_y \right) v + \left(\frac{dH}{dt} + E_z \right) w \right] d\omega = 0.$$

On vérifie cette égalité (45) si l'on pose

$$(46) \qquad E_x = - \frac{dF}{dt}, \qquad E_y = - \frac{dG}{dt}, \qquad E_z = - \frac{dH}{dt}.$$

Ces égalités, dont Maxwell (*) admet l'exactitude, relient les composantes du champ électromoteur d'induction aux composantes de l'état électrotonique.

§ 3. *Examen de la théorie précédente.*

Ces égalités s'accordent-elles avec les lois connues de l'induction?

Maxwell n'a point donné l'expression analytique des fonctions F, G, H, non plus que de la fonction V et, partant, n'a pas développé les égalités (46) ; mais il est aisé de suppléer à son silence.

La fonction V étant, selon son sentiment maintes fois répété, la fonction potentielle magnétique, est donnée par l'égalité

$$(47) \qquad V(x, y, z) = \int \left(A_1 \frac{\delta \frac{1}{r}}{\delta x_1} + B_1 \frac{\delta \frac{1}{r}}{\delta y_1} + C_1 \frac{\delta \frac{1}{r}}{\delta z_1} \right) d\omega_1.$$

(*) J. Clerk Maxwell, *loc. cit.*, p. 204.

Dès lors, les conditions imposées aux fonctions F, G, H les déterminent sans ambiguïté et donnent :

$$(48) \quad \begin{cases} F(x, y, z) = \displaystyle\int \left(C_1 \frac{\delta\frac{1}{r}}{\delta y_1} - B_1 \frac{\delta\frac{1}{r}}{\delta z_1} \right) d\omega_1, \\[2ex] G(x, y, z) = \displaystyle\int \left(A_1 \frac{\delta\frac{1}{r}}{\delta z_1} - C_1 \frac{\delta\frac{1}{r}}{\delta x_1} \right) d\omega_1, \\[2ex] H(x, y, z) = \displaystyle\int \left(B_1 \frac{\delta\frac{1}{r}}{\delta x_1} - A_1 \frac{\delta\frac{1}{r}}{\delta y_1} \right) d\omega_1. \end{cases}$$

Si, dans les équations (46), on reporte ces expressions des fonctions F, G, H, on trouve, pour les composantes du champ électromoteur d'induction, des expressions qui s'accordent fort exactement avec les lois connues, dans le cas où l'induction est produite par un changement d'aimantation sans que le système éprouve aucun mouvement. L'accord est moins parfait lorsque les aimants et les conducteurs se déplacent ; un terme manque, que d'ailleurs on rétablirait sans peine en cessant de traiter u, v, w comme invariables et en laissant constant seulement le flux électrique dont ces trois quantités sont les composantes.

Mais une objection plus grave se dresse contre la théorie de Maxwell.

Si cette théorie, appliquée à un système en mouvement, y dénote l'existence de forces électromotrices d'induction, ces forces électromotrices présentent toutes ce caractère de s'annuler lorsque le système ne contient pas d'aimant ; le mouvement de conducteurs traversés par des courants serait donc incapable d'engendrer aucun phénomène d'induction.

Cette seule conséquence suffit à condamner la théorie exposée par Maxwell dans son écrit : *On Faraday's Lines of Force*.

Ajoutons une remarque faute de laquelle le lecteur éprouverait quelque embarras en comparant les formules précédentes à celles de Maxwell.

En premier lieu, Maxwell, en écrivant les égalités (30), omet, au second membre le facteur 4π; ce facteur 4π, il l'introduit au contraire au second membre de l'égalité (32) et il nous faut indiquer brièvement combien est illogique cette introduction.

Elle a pour point de départ ce que, dans le mémoire en question, Maxwell dit des flux électriques (*).

Si u, v, w sont les composantes du flux en un point d'une surface fermée S, la quantité d'électricité qui pénètre dans cette surface pendant le temps dt est

$$dt \int [u \cos (N_i, x) + v \cos (N_i, y) + w \cos (N_i, z)] \, dS.$$

Une intégration par parties transforme cette expression en

$$(49) \qquad - dt \int \left(\frac{\delta u}{\delta x} + \frac{\delta v}{\delta y} + \frac{\delta w}{\delta z} \right) d\omega,$$

l'intégrale s'étendant au volume que limite la surface close; par une faute de signe évidente, Maxwell écrit

$$(49^{\text{bis}}) \qquad + dt \int \left(\frac{\delta u}{\delta x} + \frac{\delta v}{\delta y} + \frac{\delta w}{\delta z} \right) d\omega.$$

Si e désigne la densité électrique en un point intérieur à la surface S, l'intégrale (49) doit être égale à

$$dt \int \frac{\delta e}{\delta t} \, d\omega,$$

ce qui donne de suite l'équation de continuité

$$(50) \qquad \frac{\delta u}{\delta x} + \frac{\delta v}{\delta y} + \frac{\delta w}{\delta z} + \frac{\delta e}{\delta t} = 0.$$

Maxwell n'écrit pas cette égalité; mais il écrit l'égalité (**)

$$(51) \qquad \frac{\delta u}{\delta x} + \frac{\delta v}{\delta y} + \frac{\delta w}{\delta z} = 4\pi\rho,$$

sans y joindre aucune explication, sinon que ρ s'annule dans le cas des courants uniformes.

(*) J. Clerk Maxwell, *loc. cit*, pp. 191-192.
(**) J. Clerk Maxwell, *loc. cit.*, p. 192, égalité (C).

Il est évidemment loisible de considérer une quantité ρ définie par cette égalité; cette quantité ρ se trouvera être égale à $-\frac{1}{4\pi}\frac{\delta e}{\delta t}$; malheureusement, Maxwell semble supposer que la quantité ρ est précisément égale à $\frac{\delta e}{\delta t}$ et raisonner en conséquence; il est probable que cette supposition le guide au cours de l'assimilation qu'il établit (*) entre la conductibilité électrique et l'aimantation et le conduit à relier les composantes de l'induction magnétique à la densité magnétique par l'égalité

$$(52) \qquad \frac{\delta A}{\delta x} + \frac{\delta B}{\delta y} + \frac{\delta C}{\delta z} = 4\pi\rho,$$

qu'il remplace d'ailleurs, quelques pages plus loin (**), par

$$(53) \qquad \frac{\delta A}{\delta x} + \frac{\delta B}{\delta y} + \frac{\delta C}{\delta z} = -4\pi\rho.$$

Nous aurons occasion plus loin de revenir sur cette égalité (52). Pour le moment, contentons-nous de remarquer que l'emploi des égalités (30) et (32) sous la forme que nous avons donnée fournit des formules qui, parfois, diffèrent de celles de Maxwell par l'introduction ou par la suppression d'un facteur 4π; mais cette modification n'altère pas, croyons-nous, l'esprit même de la théorie.

Il est, cependant, une dernière objection que l'on pourrait adresser à l'interprétation que nous avons donnée de cette théorie. Nous avons admis sans discussion que l'*induction magnétique* dont parle Maxwell devait être identifiée ici avec l'*intensité d'aimantation* telle qu'elle a été définie au début de cet écrit; que, par conséquent, la *résistance magnétique* K était l'inverse du *coefficient d'aimantation k* considéré par Poisson. Cette assimilation demande à être discutée.

A la surface qui sépare un aimant d'un milieu non magnétique,

---

(*) J. Clerk Maxwell, *loc. cit.*, p. 180.
(**) J. Clerk Maxwell, *loc. cit.*, p. 201.

la fonction potentielle magnétique V vérifie la relation [I° Partie, Chapitre I, égalité (5)]

$$\frac{\delta V}{\delta N_i} + \frac{\delta V}{\delta N_e} = 4\pi \left[A \cos(N_i, x) + B \cos(N_i, y) + C \cos(N_i, z) \right],$$

N_i et N_e étant les directions de la normale vers l'intérieur et vers l'extérieur de l'aimant. Si les lois de l'aimantation sont celles que Poisson a données [*Ibid.*, égalités (6)], le second membre de l'égalité précédente devient $- 4\pi k \dfrac{\delta V}{\delta N_i}$, en sorte que l'égalité précédente devient

$$(54) \qquad \frac{\delta V}{\delta N_e} + (1 + 4\pi k)\frac{\delta V}{\delta N_i} = 0.$$

Or, Maxwell indique nettement (*) que la résistance magnétique K est égale au rapport

$$- \frac{\dfrac{\delta V}{\delta N_i}}{\dfrac{\delta V}{\delta N_e}}.$$

On doit donc poser

$$(55) \qquad K = \frac{1}{1 + 4\pi k}.$$

La quantité

$$(56) \qquad \mu = 1 + 4\pi k$$

est ce que W. Thomson (**) a nommé la *perméabilité magnétique*.

La résistance électrique considérée par Maxwell doit donc être prise égale à l'inverse non du coefficient d'aimantation de Poisson, mais de la perméabilité magnétique de W. Thomson.

Les composantes de l'*induction magnétique* s'obtiennent en divi-

---

(*) J. Clerk Maxwell, *loc. cit.*, p. 179.

(**) W. Thomson, PAPERS ON ELECTROSTATICS AND MAGNETISM, art. 629; 1872.

sant les composantes α, β, γ du champ par la résistance magnétique ou, ce qui revient au même, en les multipliant par la perméabilité magnétique; ces grandeurs ont donc pour expressions

$$(57) \quad A = (1 + 4\pi k)\, \alpha, \quad B = (1 + 4\pi k)\, \beta, \quad C = (1 + 4\pi k)\, \gamma,$$

tandis que les composantes A, B, C de l'*aimantation* ont pour valeurs

$$(58) \qquad A = k\alpha, \qquad B = k\beta, \qquad C = k\gamma.$$

L'induction magnétique et l'aimantation ne sont pas identiques; leurs composantes sont liées par les égalités

$$(59) \quad A = \frac{1 + 4\pi k}{k}\, A, \quad B = \frac{1 + 4\pi k}{k}\, B, \quad C = \frac{1 + 4\pi k}{k}\, C.$$

Lors donc que nous avons identifié l'*induction magnétique* de Maxwell avec l'*intensité d'aimantation* nous avons commis une grave confusion.

Si nous l'avons commise, c'est qu'elle nous a semblé conforme à la pensée de Maxwell, et que la théorie développée nous a paru intimement liée à cette confusion.

Certainement, dans le mémoire que nous analysons, Maxwell n'a nullement aperçu la distinction sur laquelle nous venons d'insister; il proclame (*) la complète identité mathématique des formules auxquelles conduit la théorie classique de la polarité magnétique et des formules fournies par sa théorie de la propagation par conductibilité des lignes de force magnétiques; maintes fois, au cours de ses raisonnements, il transporte à l'*induction magnétique* les propriétés connues de l'*aimantation*. En particulier, le point que voici semble très clair :

La confusion entre la notion d'*induction magnétique* et la notion d'*intensité d'aimantation* que l'on considère dans la théorie classique du magnétisme a seule conduit Maxwell lorsqu'il a établi une relation entre les variations que l'induction magnétique

---

(*) J. Clerk Maxwell, *On Faraday's Lines of Force* (Scientific Papers, vol. I, p. 179).

éprouve d'un point à l'autre et la densité de la *matière magnétique;* lorsque, dans son *Traité d'Électricité et de Magnétisme,* Maxwell parviendra à distinguer les deux notions d'intensité d'aimantation et d'induction magnétique, il n'établira plus aucune relation entre les dérivées des composantes de cette dernière et la densité magnétique.

§ 4. *L'état électrotonique et l'énergie électromagnétique dans le mémoire :* On physical Lines of Force

Notre intention n'est pas de discuter ici les problèmes de mécanique que soulève la théorie exposée dans le mémoire : *On physical Lines of Force;* acceptant comme démontrées toutes les lois dynamiques que Maxwell énonce au sujet du milieu qu'il a imaginé, nous examinerons seulement de quelle manière Maxwell transporte ces lois du domaine de la mécanique au domaine de l'électricité.

Le fluide que renferment les cellules est animé d'un mouvement tourbillonnaire; soient, au point (x, y, z) et à l'instant t, α, β, γ les projections sur les axes d'un segment égal à la vitesse angulaire de rotation et porté sur l'axe instantané de rotation de l'élément $d\omega$; soit, en outre, μ une grandeur proportionnelle à la densité du fluide qu'animent ces mouvements tourbillonnaires. Selon Maxwell, un élément de volume $d\omega$ du fluide est soumis à une force dont $X d\omega$, $Y d\omega$, $Z d\omega$ sont les composantes; X a la forme que voici (*) :

$$(60) \quad X = \frac{1}{4\pi}\left(\frac{\delta}{\delta x}\mu\alpha + \frac{\delta}{\delta y}\mu\beta + \frac{\delta}{\delta z}\mu\gamma\right)\alpha + \frac{\mu}{8\pi}\frac{\delta\,(\alpha^2 + \beta^2 + \gamma^2)}{\delta x}$$

$$+ \frac{\mu\gamma}{4\pi}\left(\frac{\delta\gamma}{\delta x} - \frac{\delta\alpha}{\delta z}\right) - \frac{\mu\beta}{4\pi}\left(\frac{\delta\alpha}{\delta y} - \frac{\delta\beta}{\delta x}\right) - \frac{\delta\Pi}{\delta x}.$$

Y et Z ont des expressions analogues.

Laissant de côté le terme $-\dfrac{\delta\Pi}{\delta x}$, où Π représente une certaine pression, Maxwell s'efforce de donner une interprétation élec-

---

(*) J. Clerk Maxwell, *On physical Lines of Force,* Scientific Papers, vol. I, p.458.

tromagnétique des autres termes qui forment le second membre de l'égalité (60).

Le point de départ de cette interprétation est le suivant :

Les grandeurs α, β, γ, composantes de la rotation, figurent, en chaque point, les composantes du champ magnétique.

Dès lors, si l'élément $d\omega$ renferme une masse m de fluide magnétique, il doit être soumis à une force ayant pour composantes αm, βm, γm; parmi les termes qui forment X, on doit en premier lieu, selon Maxwell, trouver le terme $\alpha\rho$, $\rho = \dfrac{m}{d\omega}$ étant la densité du fluide magnétique au point considéré, et ce terme ne peut être que le premier; Maxwell est conduit ainsi à admettre que la densité du fluide magnétique en un point est donnée par l'égalité

$$(61) \qquad \frac{\delta}{\delta x}\mu\alpha + \frac{\delta}{\delta y}\mu\beta + \frac{\delta}{\delta z}\mu\gamma = 4\pi\rho.$$

Maxwell, qui donne de nouveau le nom de *composantes de l'induction magnétique* aux quantités $\mu\alpha$, $\mu\beta$, $\mu\gamma$, est ainsi amené à reprendre l'égalité (52) qu'il avait proposée, puis abandonnée, dans son précédent mémoire.

Cette relation, Maxwell cherche-t-il à la justifier autrement que par le besoin de retrouver un certain terme au second membre de l'égalité (60)? Il n'écrit dans ce sens que ces quelques lignes (*) :

" De la sorte,

$$\left(\frac{\delta}{\delta x}\mu\alpha + \frac{\delta}{\delta y}\mu\beta + \frac{\delta}{\delta z}\mu\gamma\right)d\omega = 4\pi\rho\,d\omega,$$

qui représente la quantité totale d'induction traversant la surface de l'élément $d\omega$ de dedans en dehors, représente la quantité contenue en cet élément de la matière magnétique imaginaire australe. „

Mais ces lignes vont à l'encontre de l'objet poursuivi par Maxwell, car elles conduiraient à écrire au second membre $\rho d\omega$, et non point $4\pi\rho\,d\omega$.

(*) J. Clerk Maxwell, *loc. cit.*, p. 459.

L'influence exercée sur l'esprit de Maxwell par l'étrange égalité (51), écrite en son précédent mémoire, est ici bien palpable.

Si α, β, γ, représentent les composantes du champ magnétique, les composantes u, v, w du flux électrique doivent vérifier les égalités (30). Au second membre de X, on aura

$$(62) \qquad \frac{\mu\gamma}{4\pi}\left(\frac{\delta\gamma}{\delta x} - \frac{\delta\alpha}{\delta z}\right) - \frac{\mu\beta}{4\pi}\left(\frac{\delta\alpha}{\delta y} - \frac{\delta\beta}{\delta x}\right) = \mu\,(\gamma v - \beta w),$$

ce qui représentera la composante parallèle à Ox de l'action électromagnétique.

Reste à interpréter le terme

$$(63) \qquad \frac{\mu}{8\pi}\,\frac{\delta}{\delta x}\,(\alpha^2 + \beta^2 + \gamma^2).$$

Il représente la composante parallèle à Ox d'une force qui tend à entraîner l'élément $d\omega$ vers la région de l'espace où le champ a la plus grande valeur absolue. Faraday (*) avait déjà montré que l'on pouvait regarder un petit corps diamagnétique, c'est-à-dire un corps pour lequel μ a une moindre valeur que dans le milieu ambiant, comme se dirigeant vers la région de l'espace où le champ a la moindre valeur absolue; et W. Thomson avait montré (**) qu'un petit corps parfaitement doux était, en quelque sorte, attiré par le point de l'espace où $(\alpha^2 + \beta^2 + \gamma^2)$ a la plus grande valeur. Maxwell n'hésite pas à voir dans le terme (63) la composante parallèle à Ox de cette attraction.

Mais une objection grave peut être faite à cette interprétation.

Lorsqu'un corps parfaitement doux est soumis à l'induction magnétique, l'aimantation qu'il prend peut être figurée par une certaine distribution de fluide magnétique; les actions qu'il subit peuvent être décomposées en forces qui solliciteraient les diverses masses élémentaires de ce fluide magnétique; l'attraction apparente exercée sur le corps parfaitement doux par le point où le

---

(*) Faraday, Experimental Researches, § 2418 (Philosophical Transactions, 1846, p. 21).

(**) W. Thomson, Philosophical Magazine, octobre 1850. — Papers on Electrostatics and Magnetis.ᵐ n° 647.

champ atteint sa plus grande valeur absolue n'est pas une action distincte des précédentes et superposée aux précédentes; elle n'en est que la résultante. L'interprétation de Maxwell lui fait donc trouver deux fois, au second membre de l'égalité (60), une action que les lois reconnues du magnétisme n'admettent qu'une seule fois.

Cette difficulté n'est pas la seule à laquelle se heurte la théorie dont nous poursuivons l'exposé.

Supposons (*) que le système ne renferme aucun courant électrique; les égalités, alors vérifiées,

$$u = 0, \qquad v = 0, \qquad w = 0$$

se transformeront, selon les égalités (30), en

$$\frac{\delta\gamma}{\delta y} - \frac{\delta\beta}{\delta z} = 0, \qquad \frac{\delta\alpha}{\delta z} - \frac{\delta\gamma}{\delta x} = 0, \qquad \frac{\delta\beta}{\delta x} - \frac{\delta\alpha}{\delta y} = 0;$$

les composantes α, β, γ du champ magnétique seront les trois dérivées partielles d'une même fonction :

$$(64) \qquad \alpha = -\frac{\delta V}{\delta x}, \qquad \beta = -\frac{\delta V}{\delta y}, \qquad \gamma = -\frac{\delta V}{\delta z}.$$

L'égalité (61) deviendra

$$(65) \qquad \frac{\delta}{\delta x}\left(\mu\,\frac{\delta V}{\delta x}\right) + \frac{\delta}{\delta y}\left(\mu\,\frac{\delta V}{\delta y}\right) + \frac{\delta}{\delta z}\left(\mu\,\frac{\delta V}{\delta z}\right) = -4\pi\rho$$

et, dans une région où μ ne change pas de valeur lorsque l'on passe d'un point au point voisin,

$$(66) \qquad \Delta V = -4\pi\,\frac{\rho}{\mu}.$$

Imaginons que μ ait, dans tout l'espace la même valeur; supposons qu'une région 1 de cet espace renferme de la " matière

---

(*) J. Clerk Maxwell, *loc. cit.*, p. 461.

magnétique imaginaire „ en sorte que ρ y diffère de 0, tandis que ρ est nul en tout le reste de l'espace ; nous aurons

$$(67) \qquad V = \frac{1}{\mu} \int_1 \frac{\rho_1}{r'} \, d\omega_1.$$

Le champ magnétique se calculera donc comme si deux masses m, m', situées à la distance r, se repoussaient avec une force

$$\frac{1}{\mu} \frac{mm'}{r'^2}.$$

Dans le vide où, par définition, $\mu = 1$, cette force a l'expression $\frac{mm'}{r'^2}$ donnée par Coulomb, dont il semble ainsi que l'on ait retrouvé la loi ; conclusion cependant qu'il ne faut point se hâter d'affirmer, car la déduction précédente est subordonnée à l'hypothèse que μ a la même valeur au sein des masses aimantées et du milieu interposé, hypothèse inadmissible lorsqu'il s'agit de masses de fer placées dans l'air.

Ajoutons cette remarque, bien capable de jeter quelque discrédit sur la théorie du magnétisme donnée par Maxwell. Selon la théorie classique, un aimant quelconque renferme toujours autant de fluide magnétique boréal que de fluide magnétique austral; en sorte que la charge magnétique totale qu'il renferme est toujours égale à 0. Cette conclusion n'a plus rien de forcé dans la théorie de Maxwell; en sorte que, selon cette théorie, il semble possible d'isoler un aimant qui renfermerait uniquement du fluide boréal ou uniquement du fluide austral.

Les considérations précédentes jouent un grand rôle dans la détermination de la forme qu'il convient d'attribuer à l'énergie magnétique (*).

Le fluide, animé de mouvements tourbillonnaires qui représentent le champ magnétique, possède une certaine force vive; cette force vive a pour valeur

$$(68) \qquad E = C \int \mu \, (\alpha^2 + \beta^2 + \gamma^2) \, d\omega,$$

(*) J. Clerk Maxwell, *loc. cit.*, p. 472.

l'intégrale s'étendant au système entier et C étant un coefficient constant dont il s'agit de déterminer la valeur.

Pour y parvenir, Maxwell suppose que le système ne renferme aucun courant, cas auquel les égalités (64) sont applicables. L'égalité (68) devient alors

$$E = C \int \mu \left[\left(\frac{\delta V}{\delta x} \right)^2 + \left(\frac{\delta V}{\delta y} \right)^2 + \left(\frac{\delta V}{\delta z} \right)^2 \right] d\omega.$$

Il suppose ensuite que μ a la même valeur dans tout l'espace, ce qui permet de transformer l'égalité précédente en

$$(69) \qquad E = - C \int \mu \, V \Delta V d\omega.$$

Il suppose enfin que la fonction V est la somme de deux fonctions.

$$V = V_1 + V_2.$$

La première, V_1, vérifie, en tout point du volume ω_1, l'égalité

$$\Delta V_1 = - \frac{4\pi \rho_1}{\mu}$$

et, en tout autre point, l'égalité $\Delta V_1 = 0$. La seconde, V_2, vérifie, en tout point d'un volume ω_2 n'ayant avec ω_1 aucun point commun, l'égalité

$$\Delta V_2 = - \frac{4\pi \rho_2}{\mu}$$

et, en tout autre point, l'égalité $\Delta V_2 = 0$. Dès lors, l'égalité (69) peut s'écrire

$$(70) \quad E = 4\pi C \int_{\omega_1} (V_1 + V_2) \rho_1 \, d\omega_1 + 4\pi C \int_{\omega_2} (V_1 + V_2) \rho_2 \, d\omega_2.$$

D'ailleurs le théorème de Green donne l'égalité

$$\int V_1 \Delta V_2 \, d\omega = \int V_2 \Delta V_1 \, d\omega,$$

où les intégrales s'étendent à l'espace entier; cette égalité se transforme sans peine en la suivante,

$$\int_{\omega_2} V_1\, \rho_2\, d\omega_2 = \int_{\omega_1} V_2\, \rho_1\, d\omega_1,$$

qui transforme l'égalité (70) en

$$(71) \quad E = 4\pi C \int_{\omega_1} V_1\, \rho_1\, d\omega_1 + 4\pi C \int_{\omega_2} V_2\, \rho_2\, d\omega_2 + 8\pi C \int_{\omega_2} V_1\, \rho_2\, d\omega_2.$$

Supposons que le volume ω_1 demeure invariable ainsi que la valeur de ρ_1 qui correspond à chacun de ses points; supposons que le volume ω_2 se déplace comme un solide rigide, chacun de ses points entraînant la valeur de ρ_2 qui lui correspond; nous reconnaîtrons sans peine que $\int_{\omega_1} V_1\, \rho_1\, d\omega_1$, $\int V_2\, \rho_2\, d\omega_2$ garderont des valeurs invariables, tandis que si nous désignons par δx_2, δy_2, δz_2, les composantes du déplacement d'un point de l'élément $d\omega_2$, nous aurons

$$\delta \int_{\omega_2} V_1\, \rho_2\, d\omega_2 = \int_{\omega_2} \rho_2 \left(\frac{\delta V_1}{\delta x_2}\, \delta x_2 + \frac{\delta V_1}{\delta y_2}\, \delta y_2 + \frac{\delta V_1}{\delta z_2}\, \delta z_2 \right) d\omega_2$$

et

$$(72) \quad \delta E = 8\pi C \int_{\omega_2} \rho_2 \left(\frac{\delta V_1}{\delta x_2}\, \delta x_2 + \frac{\delta V_1}{\delta y_2}\, \delta y_2 + \frac{\delta V_1}{\delta z_2}\, \delta z_2 \right) d\omega_2.$$

Cette variation de l'énergie doit être égale et de signe contraire au travail des forces *apparentes* que l'aimant ω_1 exerce sur l'aimant ω_2.

Tenant compte du premier terme de l'expression (60) de X et de l'interprétation qu'il en a donnée, mais oubliant entièrement le second terme, Maxwell admet que ce travail a pour valeur

$$dT = \int_{\omega_2} \rho_2\, (\alpha_1\, \delta x_2 + \beta_1\, \delta y_2 + \gamma_1\, \delta z_2)\, d\omega_2$$

ou bien, en vertu des égalités (64),

$$dT = - \int_{\omega_2} \rho_2 \left(\frac{\delta V_1}{\delta x_2} \, \delta x_2 + \frac{\delta V_1}{\delta y_2} \, \delta y_2 + \frac{\delta V_1}{\delta z_2} \, \delta z_2 \right) d\omega_2.$$

En identifiant l'expression de $- dT$ à l'expression de δE donnée par l'égalité (72), on trouve

$$8\pi C = 1,$$

en sorte que l'égalité (68) devient

$$(73) \qquad E = \frac{1}{8\pi} \int \mu \, (\alpha^2 + \beta^2 + \gamma^2) \, d\omega.$$

Ainsi est obtenue l'expression de la force vive ou énergie cinétique électromagnétique; cette expression va jouer dans les travaux de Maxwell un rôle considérable.

En voici une importante application (*).

Imaginons un système immobile où α, β, γ varient d'un instant à l'autre. Le système va être traversé par des flux électriques engendrés par induction. La production de ces flux correspond à un certain accroissement d'énergie du système ; et Maxwell admet que si E_x, E_y, E_z sont les composantes du champ électro-moteur, l'accroissement d'énergie, au sein du système, dans le temps dt, correspondant à la création des courants électriques, a pour valeur

$$dt \int (E_x u + E_y v + E_z w) \, d\omega.$$

L'énergie totale du système, que l'on suppose soustrait à toute action extérieure, devant rester invariable, l'accroissement dont nous venons de donner l'expression devra être compensé par une égale diminution de la force vive électromagnétique. Cette diminution a, d'ailleurs, pour valeur

$$- \frac{dt}{4\pi} \int \mu \left(\alpha \frac{\delta \alpha}{\delta t} + \beta \frac{\delta \beta}{\delta t} + \gamma \frac{\delta \gamma}{\delta t} \right) d\omega.$$

(*) J. Clerk Maxwell, Scientific Papers, vol. I, p. 475.

On aura donc l'égalité

$$(74) \quad (E_x u + E_y v + E_z w)\, d\omega + \frac{1}{4\pi} \int \mu \left(\alpha \frac{\delta\alpha}{\delta t} + \beta \frac{\delta\beta}{\delta t} + \gamma \frac{\delta\gamma}{\delta t} \right) d\omega = 0.$$

Mais, en vertu des égalités (30),

$$\int (E_x u + E_y v + E_z w)\, d\omega$$

$$= -\frac{1}{4\pi} \int \left[\left(\frac{\delta\gamma}{\delta y} - \frac{\delta\beta}{\delta z} \right) E_x + \left(\frac{\delta\alpha}{\delta z} - \frac{\delta\gamma}{\delta x} \right) E_y + \left(\frac{\delta\beta}{\delta x} - \frac{\delta\alpha}{\delta y} \right) E_z \right] d\omega$$

$$= -\frac{1}{4\pi} \int \left[\left(\frac{\delta E_z}{\delta y} - \frac{\delta E_y}{\delta z} \right) \alpha + \left(\frac{\delta E_x}{\delta z} - \frac{\delta E_z}{\delta x} \right) \beta + \left(\frac{\delta E_y}{\delta x} - \frac{\delta E_x}{\delta y} \right) \gamma \right] d\omega.$$

L'égalité (74) devient alors

$$\int \left[\left(\frac{\delta E_z}{\delta y} - \frac{\delta E_y}{\delta z} - \mu \frac{\delta\alpha}{\delta t} \right) \alpha + \left(\frac{\delta E_x}{\delta z} - \frac{\delta E_z}{\delta x} - \mu \frac{\delta\beta}{\delta t} \right) \beta \right.$$

$$\left. + \left(\frac{\delta E_y}{\delta x} - \frac{\delta E_x}{\delta y} - \mu \frac{\delta\gamma}{\delta t} \right) \gamma \right] d\omega = 0.$$

Elle sera évidemment vérifiée si l'on a, en chaque point,

$$(75) \quad \begin{cases} \dfrac{\delta E_z}{\delta y} - \dfrac{\delta E_y}{\delta z} = \mu \dfrac{\delta\alpha}{\delta t}, \\[2ex] \dfrac{\delta E_x}{\delta z} - \dfrac{\delta E_z}{\delta x} = \mu \dfrac{\delta\beta}{\delta t}, \\[2ex] \dfrac{\delta E_y}{\delta x} - \dfrac{\delta E_x}{\delta y} = \mu \dfrac{\delta\gamma}{\delta t}. \end{cases}$$

Les trois équations que nous venons d'écrire ont une grande importance; jointes aux trois équations (30), elles forment ce que l'on est convenu de nommer avec Heaviside, Hertz et Cohn, les *six équations de Maxwell.*

Soit $\Psi(x, y, z, t)$ la fonction, définie à une fonction près de t, qui vérifie dans tout l'espace la relation

$$(76) \quad \Delta\Psi + \frac{\delta E_x}{\delta x} + \frac{\delta E_y}{\delta y} + \frac{\delta E_z}{\delta z} = 0.$$

Posons

$$(77) \quad \begin{cases} E_x = - \dfrac{\delta \Psi}{\delta x} + E'_x, \\[2mm] E_y = - \dfrac{\delta \Psi}{\delta y} + E'_y, \\[2mm] E_z = - \dfrac{\delta \Psi}{\delta z} + E'_z. \end{cases}$$

Les égalités (75) et (76) deviendront

$$(78) \quad \begin{cases} \dfrac{\delta E'_z}{\delta y} - \dfrac{\delta E'_y}{\delta z} = \mu \dfrac{\delta \alpha}{\delta t}, \\[2mm] \dfrac{\delta E'_x}{\delta z} - \dfrac{\delta E'_z}{\delta x} = \mu \dfrac{\delta \beta}{\delta t}, \\[2mm] \dfrac{\delta E'_y}{\delta x} - \dfrac{\delta E'_x}{\delta y} = \mu \dfrac{\delta \gamma}{\delta t}. \end{cases}$$

$$(79) \quad \dfrac{\delta E'_x}{\delta x} + \dfrac{\delta E'_y}{\delta y} + \dfrac{\delta E'_z}{\delta z} = 0.$$

Ces équations, vérifiées dans tout l'espace, sont traitées par Maxwell de la manière suivante (*) :

Soient F, G, H, trois fonctions qui vérifient dans tout l'espace les relations

$$\begin{cases} \dfrac{\delta H}{\delta y} - \dfrac{\delta G}{\delta z} = - \mu \alpha, \\[2mm] \dfrac{\delta F}{\delta z} - \dfrac{\delta H}{\delta x} = - \mu \beta, \\[2mm] \dfrac{\delta G}{\delta x} - \dfrac{\delta F}{\delta y} = - \mu \gamma, \end{cases}$$

$$(81) \quad \dfrac{\delta F}{\delta x} + \dfrac{\delta G}{\delta y} + \dfrac{\delta H}{\delta z} = 0.$$

(*) En réalité, dans le passage analysé, Maxwell désigne par $- F, - G, - H$, les quantités que nous désignons ici par F, G, H ; le changement de signe que nous avons introduit rétablit la concordance entre les divers écrits de Maxwell.

Nous aurons

$$E''_x = -\frac{\delta F}{\delta t}, \qquad E''_y = -\frac{\delta G}{\delta t}, \qquad E''_z = -\frac{\delta H}{\delta t}$$

et les égalités (77) deviendront

$$(82) \quad \begin{cases} E_x = -\dfrac{\delta \Psi}{\delta x} - \dfrac{\delta F}{\delta t}, \\[2mm] E_y = -\dfrac{\delta \Psi}{\delta y} - \dfrac{\delta G}{\delta t}, \\[2mm] E_z = -\dfrac{\delta \Psi}{\delta z} - \dfrac{\delta H}{\delta t}. \end{cases}$$

Les fonctions F, G, H, qui figurent dans ces formules, sont les composantes de l'*état électrotonique*, déjà considéré par Maxwell dans son mémoire : *On Faraday's Lines of Force*. Quant à Ψ (*), " c'est une fonction d'*x, y, z, t* qui est indéterminée en ce qui concerne la solution des équations primitives, mais qui d'ailleurs est déterminée, dans chaque cas particulier, par les circonstances du problème. La fonction Ψ doit être interprétée physiquement comme la *tension électrique* en chaque point de l'espace. „

Dans un système où le régime permanent est établi, F, G, H ne dépendent plus du temps; les égalités (82) se réduisent à

$$(83) \quad E_x = -\frac{\delta \Psi}{\delta x}, \qquad E_y = -\frac{\delta \Psi}{\delta y}, \qquad E_z = -\frac{\delta \Psi}{\delta z}.$$

Les composantes du champ électromoteur sont respectivement égales aux trois dérivées partielles d'une fonction dont la forme analytique demeure absolument inconnue. C'est l'un des fondements de la deuxième électrostatique de Maxwell (**).

En exposant ce calcul, Maxwell remarque fort justement (***)

(*) Dans l'étude de l'induction en un système immobile, Maxwell a oublié les termes en $-\dfrac{\delta \Psi}{\delta x}$, $-\dfrac{\delta \Psi}{\delta y}$, $-\dfrac{\delta \Psi}{\delta z}$; mais il les a rétablis dans les formules relatives à l'induction au sein d'un système en mouvement.

(**) Voir 1ʳᵉ Partie, Chapitre III.

(***) J. Clerk Maxwell, Scientific Papers, vol. I, p. 476, égalité (57).

que les équations (80) ne peuvent être écrites que si l'on a en tout point

$$(84) \qquad \frac{\delta}{\delta x}\,\mu\alpha + \frac{\delta}{\delta y}\,\mu\beta + \frac{\delta}{\delta z}\,\mu\gamma = 0.$$

Rapprochée de l'égalité (61), cette dernière égalité devient

$$\rho = 0.$$

Les équations (80) ne peuvent donc être écrites que si la *matière fictive magnétique a partout une densité nulle*. La théorie de l'état électrotonique développée ici par Maxwell est incompatible avec l'existence du magnétisme; c'est une restriction que Maxwell va oublier dans son mémoire : *A dynamical theory of the electromagnetic field*.

§ 5. *L'état électrotonique et l'énergie électromagnétique dans le mémoire :* A DYNAMICAL THEORY OF THE ELECTROMAGNETIC FIELD.

Dans l'écrit intitulé : *On physical Lines of Force*, Maxwell s'est efforcé de créer un assemblage mécanique dont les propriétés pussent être regardées comme l'explication des phénomènes électriques. Dans ses écrits ultérieurs, tout en continuant à admettre que les actions électriques et magnétiques sont d'essence mécanique, il ne cherche plus à construire le mécanisme qui les produit; selon le conseil de Pascal, il continue à « dire en gros : cela se fait par figure et mouvement „; mais il ne s'efforce plus « de dire quels et de composer la machine. „ Former l'expression de l'énergie électrostatique et de l'énergie électromagnétique ; montrer qu'à ces expressions on peut rattacher les lois des phénomènes électriques, en imitant la méthode de Lagrange, qui tire les équations du mouvement d'un système des expressions de l'énergie potentielle et de l'énergie cinétique du système ; tels sont les objets du mémoire : *A dynamical theory of the electromagnetic field* et du *Traité d'Électricité et de Magnétisme*.

La troisième partie du mémoire : *A dynamical theory of the electromagnetic field*, qui nous intéresse particulièrement ici, offre, sous une forme extrêmement concise, la réunion des principales formules qui régissent les phénomènes électriques.

L'une des grandeurs que Maxwell introduit tout d'abord est le *moment électromagnétique* (*); ce vecteur dont il désigne par F, G, H les composantes, joue exactement le rôle qu'il attribuait, dans ses précédents mémoires, à l'*état électrotonique;* il admet d'emblée, en effet, que les composantes E'_x, E''_y, E''_z du champ électromoteur d'induction en un système immobile sont données par les égalités

$$E'_x = - \frac{\delta F}{\delta t}, \qquad E''_y = - \frac{\delta G}{\delta t}, \qquad E'_z = - \frac{\delta H}{\delta t}.$$

De ces grandeurs F, G, H, Maxwell ne donne aucune expression analytique; mais il les relie aux composantes α, β, γ du champ magnétique. Désignant par $\mu\alpha$, $\mu\beta$, $\mu\gamma$ les composantes de l'*induction magnétique*, il écrit les trois relations (**)

$$(80^{bis}) \qquad \begin{cases} \dfrac{\delta H}{\delta y} - \dfrac{\delta G}{\delta z} = - \mu\alpha, \\[2mm] \dfrac{\delta F}{\delta z} - \dfrac{\delta H}{\delta x} = - \mu\beta, \\[2mm] \dfrac{\delta G}{\delta x} - \dfrac{\delta F}{\delta y} = - \mu\gamma. \end{cases}$$

Ces égalités, vérifiées dans tout l'espace, sont exactement les mêmes que les égalités (80); mais aux égalités (80) se joignait la relation

$$(81) \qquad \frac{\delta F}{\delta x} + \frac{\delta G}{\delta y} + \frac{\delta H}{\delta z} = 0,$$

en sorte que les fonctions F, G, H se trouvaient déterminées; dans le mémoire que nous analysons en ce moment, Maxwell n'admet

---

(*) J. Clerk Maxwell, Scientific Papers, vol. I, p. 555.
(**) J. Clerk Maxwell. *loc. cit.*, p. 556.

plus l'exactitude de l'égalité (81); bien au contraire, il écrit (*)

$$(81^{\text{bis}}) \qquad \frac{\delta F}{\delta x} + \frac{\delta G}{\delta y} + \frac{\delta H}{\delta z} = J$$

et il traite la quantité J comme une grandeur inconnue, généralement différente de 0.

Dès lors, les grandeurs F, G, H ne sont plus déterminées; on peut leur ajouter respectivement les trois dérivées par rapport à x, y, x d'une fonction arbitraire des variables x, y, z, t.

Lors donc que Maxwell écrit (**) les composantes du champ électromoteur au sein d'un système immobile

$$(82^{\text{bis}}) \qquad \begin{cases} E_x = -\dfrac{\delta \Psi}{\delta x} - \dfrac{\delta F}{\delta t}, \\[2mm] E_y = -\dfrac{\delta \Psi}{\delta y} - \dfrac{\delta G}{\delta t}, \\[2mm] E_z = -\dfrac{\delta \Psi}{\delta z} - \dfrac{\delta H}{\delta t}, \end{cases}$$

il peut, en toutes circonstances, substituer à Ψ n'importe quelle fonction d'x, y, z, t; la fonction Ψ est absolument indéterminée et l'on ne saurait logiquement souscrire à l'affirmation suivante (***) : " La fonction Ψ est une fonction d'x, y, z, t, qui est indéterminée en ce qui concerne la solution des équations précédentes, car les termes qui en dépendent disparaissent dans une intégration étendue à un circuit fermé. Toutefois, la quantité Ψ peut toujours être déterminée, dans chaque cas particulier, lorsqu'on connaît les conditions actuelles de la question. Ψ doit être interprété physiquement comme représentant le *potentiel électrique* en chaque point de l'espace. „

En outre, lorsque Maxwell, dans son mémoire : *On physical Lines of Force*, avait écrit les équations (80), il avait eu soin de remar-

---

(*) J. Clerk Maxwell, Scientific Papers, vol. I, p. 578.
(**) J. Clerk Maxwell, *loc. cit.*, p. 558 et p. 578.
(***) J. Clerk Maxwell, *loc. cit.*, p. 558.

quer qu'elles seraient absurdes si l'on n'avait pas, dans tout l'espace, l'égalité

$$(84) \qquad \frac{\delta}{\delta x}\,\mu\alpha + \frac{\delta}{\delta y}\,\mu\beta + \frac{\delta}{\delta z}\,\mu\gamma = 0.$$

Dans le présent mémoire, il néglige de faire cette remarque et, qui plus est, il raisonne comme si l'égalité (84) était fausse; nous en verrons tout à l'heure un exemple.

A la suite de considérations (*) que leur extrême brièveté ne permet guère de regarder comme un raisonnement, Maxwell admet (**) que l'énergie électromagnétique est donnée par la formule

$$(85) \qquad E = \frac{1}{2}\int (Fu + Gv + Hw)\,d\omega,$$

où u, v, w représentent les composantes du flux total et où l'intégrale s'étend à tout l'espace.

Cherchons à préciser les considérations qui conduisent Maxwell à cette expression.

Dans le temps dt, le système dégage, selon la loi de Joule, une quantité de chaleur donnée en *unités mécaniques* par l'expression

$$dt \int r\,(u^2 + v^2 + w^2)\,d\omega,$$

où r est la résistance spécifique du milieu; en vertu de la loi de Ohm, cette quantité de chaleur peut encore s'écrire

$$dt \int (E_x u + E_y v + E_z w)\,d\omega.$$

Si le système, isolé et immobile, est soumis exclusivement aux actions électromotrices que produisent, par induction, les variations du flux électrique, cette quantité de chaleur dégagée dans le

---

(*) J. Clerk Maxwell, Scientific Papers, vol. 1, p. 541.
(**) J. Clerk Maxwell, *loc, cit.*, p. 562.

temps dt est exactement égale à la diminution de l'énergie électromagnétique pendant le même temps ; on a donc l'égalité

$$d\mathrm{E} + dt \int (E_x u + E_y v + E_z w)\, d\omega = 0.$$

En même temps, les composantes E_x, E_y, E_z du champ électromoteur sont données par les égalités (82bis), en sorte que l'égalité précédente devient

$$d\mathrm{E} - dt \int \left(\frac{\delta\Psi}{\delta x} u + \frac{\delta\Psi}{\delta y} v + \frac{\delta\Psi}{\delta z} w\right) dw$$
$$- dt \int \left(\frac{\delta \mathrm{F}}{\delta t} u + \frac{\delta \mathrm{G}}{\delta t} v + \frac{\delta \mathrm{H}}{\delta t} w\right) dw = 0.$$

Le terme

$$- \int \left(\frac{\delta\Psi}{\delta x} u + \frac{\delta\Psi}{\delta y} v + \frac{\delta\Psi}{\delta z} w\right) dw$$

peut s'écrire

$$\int \Psi \left(\frac{\delta u}{\delta x} + \frac{\delta v}{\delta y} + \frac{\delta w}{\delta z}\right) d\omega.$$

Il est donc égal à 0 si l'on considère seulement des flux uniformes pour lesquels

$$\frac{\delta u}{\delta x} + \frac{\delta v}{\delta y} + \frac{\delta w}{\delta z} = 0.$$

On a donc

$$(86) \qquad d\mathrm{E} = dt \int \left(\frac{\delta \mathrm{F}}{\delta t} u + \frac{\delta \mathrm{G}}{\delta t} v + \frac{\delta \mathrm{H}}{\delta t} w\right) d\omega.$$

Cette égalité est-elle compatible avec l'expression de E que fournit l'égalité (85)? Celle-ci donne l'égalité

$$d\mathrm{E} = \frac{1}{2} dt \int \left(\frac{\delta \mathrm{F}}{\delta t} u + \frac{\delta \mathrm{G}}{\delta t} v + \frac{\delta \mathrm{H}}{\delta t} w\right) dw$$
$$+ \frac{1}{2} dt \int \left(\mathrm{F} \frac{\delta u}{\delta t} + \mathrm{G} \frac{\delta v}{\delta t} + \mathrm{H} \frac{\delta w}{\delta t}\right) dw.$$

Pour que cette égalité soit compatible avec l'égalité (86), il faut et il suffit que l'on ait l'égalité

$$(87) \qquad \int \left(\frac{\delta F}{\delta t}\, u + \frac{\delta G}{\delta t}\, v + \frac{\delta H}{\delta t}\, w \right) d\omega$$

$$= \int \left(F \frac{\delta u}{\delta t} + G \frac{\delta v}{\delta t} + H \frac{\delta w}{\delta t} \right) d\omega.$$

Cette égalité est-elle vérifiée? Il est impossible de le décider puisque, dans le mémoire que nous analysons, Maxwell n'attribue aucune expression analytique déterminée aux fonctions F, G, H.

Acceptons l'égalité (85). Les égalités (30) lui donneront la forme

$$E = - \frac{1}{8\pi} \int \left[\left(\frac{\delta \gamma}{\delta y} - \frac{\delta \beta}{\delta z} \right) F + \left(\frac{\delta \alpha}{\delta z} - \frac{\delta \gamma}{\delta x} \right) G + \left(\frac{\delta \beta}{\delta x} - \frac{\delta \alpha}{\delta y} \right) H \right] d\omega$$

qu'une intégration par parties changera en

$$E = - \frac{1}{8\pi} \int \left[\left(\frac{\delta H}{\delta y} - \frac{\delta G}{\delta z} \right) \alpha + \left(\frac{\delta F}{\delta z} - \frac{\delta H}{\delta x} \right) \beta + \left(\frac{\delta G}{\delta x} - \frac{\delta F}{\delta y} \right) \gamma \right] d\omega.$$

Les égalités (80bis) donneront alors

$$(73) \qquad E = \frac{1}{8\pi} \int \mu\,(\alpha^2 + \beta^2 + \gamma^2)\, d\omega.$$

L'énergie électromagnétique, déterminée, dans le mémoire : *A dynamical Theory of the electromagnetic Field*, par des considérations électriques reprend ainsi la forme que, dans le mémoire : *On physical Lines of Force*, lui avaient attribuée des hypothèses mécaniques.

L'accord est plus malaisé à établir entre ces formes de l'énergie électromagnétique et celle à laquelle Maxwell a été conduit, en son mémoire : *On Faraday's Lines of Force*, à partir de la théorie du magnétisme.

Cette dernière forme est donnée par l'égalité

$$(44) \qquad E = \int V\rho\, d\omega - \int (Fu + Gv + Hw)\, d\omega.$$

La densité magnétique ρ est liée aux composantes de l'induction magnétique par l'égalité (61)

$$\frac{\delta}{\delta x}\,\mu\alpha + \frac{\delta}{\delta y}\,\mu\beta + \frac{\delta}{\delta z}\,\mu\gamma = 4\pi\rho$$

ou bien, en vertu des égalités (80bis),

$$\rho = 0.$$

L'égalité (44) se réduit donc à

$$(88) \qquad \mathrm{E} = -\int (\mathrm{F}u + \mathrm{G}v + \mathrm{H}w)\,d\omega.$$

Cette expression de l'énergie électromagnétique diffère de l'expression (85) de la même quantité à la fois par la présence du signe — et par l'absence du facteur $\frac{1}{2}$. A la vérité, comme nous l'avons remarqué au § 2, l'absence du facteur $\frac{1}{2}$ provient d'une omission, et ce facteur pourrait être aisément rétabli. Mais la contradiction que la nature du signe introduit entre les deux expressions de l'énergie électromagnétique ne peut être évitée.

Elle disparaîtrait, cependant, si, dans la définition de la densité magnétique, donnée par l'égalité (32), on changeait le signe de ρ; ce changement de signe, Maxwell l'a fait accidentellement dans le mémoire : *On Faraday's Lines of Force*, puis normalement dans ses mémoires ultérieurs.

L'expression (73) de l'énergie électromagnétique s'accorde-t-elle avec les lois connues du magnétisme? Que le système renferme ou non des courants, Maxwell admet qu'il existe une fonction Φ (*) qu'il nomme *potentiel magnétique*, telle que l'on ait

$$(89) \qquad \alpha = -\frac{\delta\Phi}{\delta x}, \qquad \beta = -\frac{\delta\Phi}{\delta y}, \qquad \gamma = -\frac{\delta\Phi}{\delta z}.$$

(*) J. Clerk Maxwell, Scientific Papers, vol. I, p. 566. En réalité, Maxwell nomme *potentiel magnétique* la fonction — Φ.

L'expression (73) devient alors

$$E = -\frac{1}{8\pi} \int \left(\mu\alpha \frac{\delta\Phi}{\delta x} + \mu\beta \frac{\delta\Phi}{\delta y} + \mu\gamma \frac{\delta\Phi}{\delta z} \right) d\omega$$

ou, en intégrant par parties,

$$(90) \qquad \frac{1}{8\pi} \int \Phi \left(\frac{\delta}{\delta x} \mu\alpha + \frac{\delta}{\delta y} \mu\beta + \frac{\delta}{\delta z} \mu\gamma \right) d\omega.$$

Sans pousser plus loin le calcul, Maxwell aurait dû remarquer que les égalités (80bis) donnent immédiatement

$$(84) \qquad \frac{\delta}{\delta x} \mu\alpha + \frac{\delta}{\delta y} \mu\beta + \frac{\delta}{\delta z} \mu\gamma = 0,$$

ce qui transforme l'égalité (90) en

$$E = 0.$$

L'énergie électromagnétique serait ainsi identiquement nulle en toutes circonstances: une telle conséquence lui aurait révélé que l'on ne peut accepter en même temps les égalités (80bis) et les égalités (89). D'une telle contradiction, Maxwell ne s'embarrasse pas. Il introduit dans ses calculs la quantité ρ définie par l'égalité

$$(61) \qquad \frac{\delta}{\delta x} \mu\alpha + \frac{\delta}{\delta y} \mu\beta + \frac{\delta}{\delta z} \mu\gamma = 4\pi\rho,$$

il traite cette quantité ρ comme si elle n'était pas identiquement nulle et remplace l'égalité (90) par l'égalité

$$(91) \qquad E = \frac{1}{2} \int \Phi\rho \, d\omega.$$

De cette expression, par un raisonnement dont nous avons déjà vu plusieurs exemples, Maxwell se propose de tirer la loi des actions qui s'exercent entre deux pôles d'aimants.

Pour y parvenir, Maxwell suppose *implicitement* que μ a la même valeur dans tout l'espace; que la fonction Φ est la somme de deux fonctions V_1, V_2, qui sont respectivement les fonctions potentielles de deux masses aimantées 1 et 2. La fonction V_1 satisfait dans tout l'espace à l'équation

$$\Delta V_1 = 0,$$

sauf à l'intérieur du corps 1 où elle satisfait à l'équation

$$\Delta V_1 = -\frac{4\pi\rho_1}{\mu}.$$

La fonction V_2 satisfait, en tous les points de l'espace, à l'équation

$$\Delta V_2 = 0,$$

sauf à l'intérieur du corps 2 où elle satisfait à l'équation

$$\Delta V_2 = -\frac{4\pi\rho_2}{\mu}.$$

L'énergie magnétique E peut s'écrire

$$E = -\frac{1}{8\pi} \int (V_1 + V_2)(\Delta V_1 + \Delta V_2)\, d\omega.$$

Mais, selon le théorème de Green,

$$\int V_1 \Delta V_2\, d\omega = \int V_2 \Delta V_1\, d\omega.$$

On peut donc écrire :

$$E = -\frac{\mu}{8\pi}\int V_1 \Delta V_1\, d\omega - \frac{\mu}{8\pi}\int V_2 \Delta V_2\, d\omega - \frac{\mu}{4\pi}\int V_1 \Delta V_2\, d\omega$$

ou bien, en vertu des propriétés de la fonction V_2,

$$E = -\frac{\mu}{8\pi}\left(\int V_1 \Delta V_1\, d\omega + \int V_2 \Delta V_2\, d\omega\right) + \int V_1 \rho_2\, d\omega.$$

Supposons que l'aimant 1 demeurant invariable d'aimantation et de position, l'aimant 2 se déplace comme un solide rigide, en entraînant son aimantation ; on pourra dire également qu'il entraîne avec lui sa fonction potentielle V_2. Les deux intégrales

$$\int V_1 \, \Delta V_1 \, d\omega, \qquad \int V_2 \, \Delta V_2 \, d\omega,$$

étendues à tout l'espace, garderont visiblement des valeurs invariables. Si l'on désigne par dx_2, dy_2, dz_2 les composantes du déplacemeut d'un point de l'élément $d\omega_2$, appartenant au corps 2, on aura

$$d\mathrm{E} = \int_2 \rho_2 \left(\frac{\delta V_1}{\delta x_2} \, dx_2 + \frac{\delta V_1}{\delta y_2} \, dy_2 + \frac{\delta V_1}{\delta z_2} \, dz_2 \right) d\omega_2.$$

$d\mathrm{E}$ est d'ailleurs égal au travail interne accompli dans la modification considérée, changé de signe. Tout se passe donc comme si sur chaque élément $d\omega_2$ du corps 2, le corps 1 exerçait une force ayant pour composantes

$$\mathrm{X} = - \rho_2 \frac{\delta V_1}{\delta x_2} \, d\omega_2, \quad \mathrm{Y} = - \rho_2 \frac{\delta V_1}{\delta y_2} \, d\omega_2, \quad \mathrm{Z} = - \rho_2 \frac{\delta V_1}{\delta z_2} \, d\omega_2.$$

D'ailleurs, les caractères analytiques attribués à la fonction V_1 exigent que l'on ait

$$V_1 = \frac{1}{\mu} \int_1 \frac{\rho_1}{r} \, d\omega_1.$$

Les composantes de la force exercée par l'aimant 1 sur un élément $d\omega_2$ de l'aimant 2 sont donc

$$\mathrm{X} = - \frac{1}{\mu} \rho_2 \, d\omega_2 \frac{\delta}{\delta x_2} \int_1 \frac{\rho_1}{r} \, d\omega_1,$$

$$\mathrm{Y} = - \frac{1}{\mu} \rho_2 \, d\omega_2 \frac{\delta}{\delta y_2} \int_1 \frac{\rho_1}{r} \, d\omega_1,$$

$$\mathrm{Z} = - \frac{1}{\mu} \rho_2 \, d\omega_2 \frac{\delta}{\delta z_2} \int_1 \frac{\rho_1}{r} \, d\omega_1.$$

Elles sont les mêmes que si deux masses magnétiques $m_1 = \rho_1 \, d\omega_1$

et $m_2 = \rho_2 \, d\omega_2$, séparées par une distance r, se repoussaient avec une force

$$\frac{1}{\mu} \, \frac{m_1 \, m_2}{r^2} \, .$$

Cette proposition semble s'accorder avec les lois connues du magnétisme ; en réalité, il y a lieu de reproduire ici la remarque que nous avons déjà faite : la théorie précédente est intimement liée à une hypothèse inadmissible ; elle suppose que le coefficient μ a la même valeur pour tous les corps, aussi bien pour les aimants que pour le milieu tel que l'air au sein duquel on les plonge.

§ 6. *La théorie du Magnétisme dans le* Traité d'Électricité et de Magnétisme.

« Dans ce traité, dit Maxwell (*), je me propose de décrire les plus importants de ces phénomènes (électriques et magnétiques), de montrer comment on peut les soumettre à la mesure et de rechercher les relations mathématiques qui existent entre les quantités mesurées. Ayant ainsi obtenu les données d'une théorie mathématique de l'électromagnétisme et ayant montré comment cette théorie peut s'appliquer au calcul des phénomènes, je m'efforcerai de mettre en lumière, aussi clairement qu'il me sera possible, les rapports qui existent entre les formes mathématiques de cette théorie et celles de la science fondamentale de la Dynamique ; de la sorte, nous serons, dans une certaine mesure, préparés à définir la nature des phénomènes dynamiques parmi lesquels nous devons chercher des analogies ou des explications des phénomènes électromagnétiques. »

L'objet de l'ouvrage étant ainsi nettement déterminé, le problème suivant y doit jouer un rôle essentiel :

Des lois fondamentales de l'électricité et du magnétisme, tirer l'expression de l'énergie électrostatique et de l'énergie électromagnétique ; montrer que ces deux énergies sont susceptibles de

---

(*) J. Clerk Maxwell, *Traité d'Électricité et de Magnétisme*, Préface de la 1ʳᵉ édition ; t. I, p. IX de la traduction française.

se mettre sous la forme que le mémoire : *On physical Lines of Force* a attribuée à l'énergie potentielle et à la force vive du milieu dont les déformations mécaniques imitent ou expliquent les phénomènes électromagnétiques.

Comment est réalisée la partie de ce programme qui concerne l'énergie électrostatique, nous l'avons déjà vu(*). Examinons maintenant la détermination de l'énergie électromagnétique.

Maxwell parvient à l'expression de cette énergie par deux méthodes différentes; l'une de ces méthodes fait appel aux lois de l'électromagnétisme, tandis que l'autre, restreinte aux systèmes qui ne renferment pas de courants, repose exclusivement sur la théorie du magnétisme.

Le *Traité d'Électricité et de Magnétisme,* en effet, expose une théorie complète du magnétisme. Cette théorie forme la troisième partie de l'ouvrage.

La théorie du magnétisme exposée par Maxwell est la théorie classique créée par les travaux de Poisson, de F. E. Neumann, de G. Kirchhoff, de W. Thomson, la théorie dont nous avons résumé précédemment (**) les propositions essentielles. Il y considère, en particulier, l'*intensité d'aimantation,* définie comme nous l'avons fait au passage cité.

Les composantes A, B, C de cette intensité d'aimantation servent, pour Maxwell comme pour Poisson (***), à définir la fonction potentielle magnétique par la formule

$$(92) \qquad V = \int \left(A_1 \frac{\delta \frac{1}{r}}{\delta x_1} + B_1 \frac{\delta \frac{1}{r}}{\delta y_1} + C_1 \frac{\delta \frac{1}{r}}{\delta z_1} \right) d\omega_1 .$$

A cette fonction, les composantes α, β, γ du champ sont liées par les relations

$$(93) \qquad \alpha = -\frac{\delta V}{\delta x}, \qquad \beta = -\frac{\delta V}{\delta y}, \qquad \gamma = -\frac{\delta V}{\delta z} .$$

(*) 1re partie, Chapitre IV. § 2.
(**) 1re partie, Chapitre I, §1.
(***) 1re partie, égalité (1). — J. Clerk Maxwell, *Traité d'Électricité et de Magnétisme,* trad. française, t. II, p. 10, égalité (8).

Cette fonction potentielle peut s'exprimer également au moyen des deux densités, solide et superficielle, ρ et σ, du fluide magnétique fictif par l'égalité

$$V = \int \frac{\rho_1}{r}\, dw_1 + \int \frac{\sigma_1}{r}\, dS_1$$

et ces densités sont liées aux composantes de l'aimantation par les égalités (*)

$$(94) \qquad \frac{\delta A}{\delta x} + \frac{\delta B}{\delta y} + \frac{\delta C}{\delta z} = -\rho_1$$

$$(95) \quad A \cos (N_1, x) + B \cos (N_1, y) + C \cos (N_1, z) = -\sigma_1$$

déjà données par Poisson.

A côté de l'intensité d'aimantation, mais sans la confondre avec elle, comme il semble l'avoir fait en ses premiers écrits, Maxwell considère (**) l'*induction magnétique*. Les composantes A, B, C de cette grandeur sont définies par les égalités

$$(96) \quad \left\{ \begin{aligned} A &= \alpha + 4\pi A, \\ B &= \beta + 4\pi B, \\ C &= \gamma + 4\pi C, \end{aligned} \right.$$

que les égalités (93) permettent également d'écrire

$$(97) \quad \left\{ \begin{aligned} A &= 4\pi A - \frac{\delta V}{\delta x}, \\ B &= 4\pi B - \frac{\delta V}{\delta y}, \\ C &= 4\pi C - \frac{\delta V}{\delta z}. \end{aligned} \right.$$

En restituant à l'induction magnétique son sens propre, Maxwell laisse tomber la relation que, sous deux formes différentes et

---

(*) 1re partie, égalités (2) et (3). — J. Clerk Maxwell, *loc. cit.*, p. 11.
(**) J. Clerk Maxwell, *loc. cit.*, n° 400, p. 28.

incompatibles, il avait voulu établir entre les composantes de l'induction magnétique et la densité de la matière magnétique fictive. Par là, il renie implicitement tous les raisonnements, si essentiels en ses précédents écrits, qui invoquaient cette relation.

En tout point d'un milieu continu, on a (*)

$$\frac{\delta^2 V}{\delta x^2} + \frac{\delta^2 V}{\delta y^2} + \frac{\delta^2 V}{\delta z^2} = 4\pi \left(\frac{\delta A}{\delta x} + \frac{\delta B}{\delta y} + \frac{\delta C}{\delta z}\right).$$

En vertu des égalités (97), cette égalité devient (**)

$$(98) \qquad \frac{\delta A}{\delta x} + \frac{\delta B}{\delta y} + \frac{\delta C}{\delta z} = 0.$$

De cette dernière égalité, il résulte que l'on peut trouver trois fonctions F, G, H, telles que l'on ait

$$(99) \qquad \begin{cases} \dfrac{\delta H}{\delta y} - \dfrac{\delta G}{\delta z} = -A, \\[2ex] \dfrac{\delta F}{\delta z} - \dfrac{\delta H}{\delta x} = -B, \\[2ex] \dfrac{\delta G}{\delta x} - \dfrac{\delta F}{\delta y} = -C. \end{cases}$$

Maxwell écrit ces équations (***) et donne le nom de *potentiel vecteur de l'induction magnétique* à la grandeur dont F, G, H sont les composantes. A ce sujet, il nous faut répéter l'observation que nous avons déjà faite touchant les égalités (80bis) : les égalités (99) ne suffisent pas à déterminer les fonctions F, G, H, tant qu'on laisse indéterminée la valeur de la somme

$$\frac{\delta F}{\delta x} + \frac{\delta G}{\delta y} + \frac{\delta H}{\delta z}.$$

(*) 1re partie, égalité (4).

(**) J. Clerk Maxwell, *loc. cit.*, p. 57, égalité (17).

(***) J. Clerk Maxwell, *loc. cit.*, n° 405, p. 32, égalités (21). Dans le *Traité* de Maxwell, le signe des seconds membres est changé par suite d'un choix différent des axes de coordonnées.

Dans un corps parfaitement doux où la fonction magnétisante se réduit à un coefficient k indépendant de l'intensité d'aimantation, on a

$$(100) \qquad A = k\alpha, \qquad B = k\beta, \qquad C = k\gamma.$$

Les égalités (96) deviennent alors

$$A = \frac{1 + 4\pi k}{k} A,$$

$$B = \frac{1 + 4\pi k}{k} B,$$

$$C = \frac{1 + 4\pi k}{k} C.$$

Entre les composantes de l'aimantation et les composantes de l'induction magnétique, on retrouve les relations (59).

Si l'on pose

$$(101) \qquad \mu = 1 + 4\pi k,$$

les égalités (96) et (100) donnent les égalités (*)

$$(102) \qquad A = \mu\alpha, \qquad B = \mu\beta, \qquad C = \mu\gamma,$$

qui, dans les précédents écrits de Maxwell, servaient à définir l'induction magnétique.

Venons à la détermination de l'énergie magnétique.

Un aimant 1, dont (x_1, y_1, z_1) est un point et $d\omega_1$ un élément, se trouve en présence d'un autre aimant dont V_2 est la fonction potentielle magnétique; ces deux aimants sont des solides rigides et, à chacun de leurs éléments, est invariablement liée une intensité d'aimantation; tandis que l'aimant 2 demeure immobile, l'aimant 1 se déplace; les actions de l'aimant 2 sur l'aimant 1 effectuent un certain travail; selon les doctrines classiques du

---

(*) J. Clerk Maxwell, *loc. cit.*, p. 57, égalités (16).

magnétisme, ce travail est égal à la diminution subie par la quantité

$$W = \int \left(A_1 \frac{\delta \frac{1}{r}}{\delta x_1} + B_1 \frac{\delta \frac{1}{r}}{\delta y_1} + C_1 \frac{\delta \frac{1}{r}}{\delta z_1} \right) d\omega_1.$$

Maxwell démontre cette proposition (*), qui est universellement acceptée.

Prendre cette proposition pour point de départ et en conclure que l'énergie d'un système quelconque de corps aimantés est donnée par l'expression

$$(103) \qquad E = \frac{1}{2} \int \left(A \frac{\delta V}{\delta x} + B \frac{\delta V}{\delta y} + C \frac{\delta V}{\delta z} \right) d\omega,$$

où V est la fonction potentielle magnétique du système entier et où l'intégrale s'étend à tout le système, c'est évidemment faire une hypothèse; cette hypothèse, les progrès récents de la thermo-dynamique montrent qu'elle n'est pas justifiée; mais elle devait sembler naturelle à l'époque où Maxwell écrivait; aussi Maxwell l'adopte-t-il (**).

Dès lors, une transformation classique permet d'écrire

$$E = \frac{1}{8\pi} \int \left[\left(\frac{dV}{\delta x} \right)^2 + \left(\frac{\delta V}{\delta y} \right)^2 + \left(\frac{\delta V}{\delta z} \right)^2 \right] d\omega$$

ou bien, en vertu des égalités (93),

$$(104) \qquad E = \frac{1}{8\pi} \int (\alpha^2 + \beta^2 + \gamma^2)\, d\omega.$$

Telle est l'expression de l'énergie magnétique à laquelle parvient Maxwell (***).

Cette expression ne coïncide pas avec l'expression (73) qu'il désirait retrouver; le facteur μ fait défaut sous le signe d'intégra-

---

(*) J. Clerk Maxwell, *loc. cit.*, p. 18, égalité (3).
(**) J. Clerk Maxwell, *loc. cit.*, p. 304, expression (6).
(***) J. Clerk Maxwell, *loc. cit.*, p. 305, égalité (11).

tion. Pour retrouver l'expression de l'énergie électromagnétique à laquelle il désire parvenir, Maxwell devra faire appel à la théorie de l'électromagnétisme.

§ 7. *La théorie de l'électromagnétisme* dans le TRAITÉ D'ÉLECTRICITÉ ET DE MAGNÉTISME.

Résumons brièvement la théorie de l'électromagnétisme, telle que Maxwell l'expose dans son *Traité*.

Il introduit tout d'abord un vecteur, de composantes F, G, H, auquel, dans un système immobile, mais d'état électrique variable, les composantes E_x'', E_y'', E_z'', du champ électromoteur d'induction devront être liées par les égalités (*)

$$(105) \qquad E_x'' = - \frac{\delta F}{\delta t}, \qquad E_y'' = - \frac{\delta G}{\delta t}, \qquad E_z'' = - \frac{\delta H}{\delta t}.$$

Ce vecteur est donc ce qu'il avait nommé, dans ses précédents écrits, l'*état électrotonique* ou le *moment électromagnétique ;* il le nomme maintenant *quantité de mouvement électrocinétique* (**) ; puis, aussitôt, il émet cette affirmation (***) ;

" Ce vecteur est identique à la quantité que nous avons étudiée sous le nom de *potentiel vecteur* de l'induction magnétique. „

À l'appui de cette affirmation, Maxwell esquisse un commencement de preuve (iv). Les expressions (105) du champ électromoteur d'induction, appliquées à un fil fermé et immobile, donnent l'expression suivante pour la force électromotrice totale d'induction qui agit dans ce fil :

$$- \int \left(\frac{\delta F}{\delta t} \frac{dx}{ds} + \frac{\delta G}{\delta t} \frac{dy}{ds} + \frac{\delta H}{\delta t} \frac{dz}{ds} \right) ds.$$

Dans cette expression, l'intégrale s'étend à tous les éléments linéaires *ds* en lesquels le fil peut être partagé.

(*) J. Clerk Maxwell, *loc. cit.*, p. 267 et p. 274, égalités (B).
(**) J. Clerk Maxwell, *loc. cit.*, p. 267.
(***) J. Clerk Maxwell, *loc. cit.*, p 267.
(iv) J. Clerk Maxwell, *loc. cit.*, p. 268, n° 592.

Prenons le fil pour contour d'une aire dont dS est un élément ; soit N une normale à l'élément dS, menée dans un sens convenable ; on sait que l'expression précédente pourra s'écrire

$$\int \left[\frac{\delta}{\delta t}\left(\frac{\delta H}{\delta y} - \frac{\delta G}{\delta z}\right) \cos (N, x) + \frac{\delta}{\delta t}\left(\frac{\delta F}{\delta z} - \frac{\delta H}{\delta x}\right) \cos (N, y) \right.$$
$$\left. + \frac{\delta}{\delta t}\left(\frac{\delta G}{\delta x} - \frac{\delta F}{\delta y}\right) \cos (N, z) \right] dS,$$

l'intégrale s'étendant à l'aire considérée.

Mais, d'autre part, *si le fil est placé dans un milieu non magnétique*, on sait depuis Faraday que cette force électromotrice est liée à la variation du champ magnétique par la formule

$$- \int \left[\frac{\delta \alpha}{\delta t} \cos (N, x) + \frac{\delta \beta}{\delta t} \cos (N, y) + \frac{\delta \gamma}{\delta t} \cos (N, z) \right] dS.$$

Les égalités (105) s'accorderont donc avec les lois de l'induction en un circuit fermé, au sein d'un milieu non magnétique, si l'on a

$$(106) \qquad \frac{\delta H}{\delta y} - \frac{\delta G}{\delta z} = - \alpha, \qquad \frac{\delta F}{\delta z} - \frac{\delta H}{\delta x} = - \beta, \qquad \frac{\delta G}{\delta x} - \frac{\delta F}{\delta y} = - \gamma.$$

Ces égalités (106) peuvent être regardées comme des cas particuliers des égalités

$$(99^{bis}) \qquad \begin{cases} \dfrac{\delta H}{\delta y} - \dfrac{\delta G}{\delta z} = - (\alpha + 4\pi A) = - A, \\[2mm] \dfrac{\delta F}{\delta z} - \dfrac{\delta H}{\delta x} = - (\beta + 4\pi B) = - B, \\[2mm] \dfrac{\delta G}{\delta x} - \dfrac{\delta F}{\delta y} = - (\gamma + 4\pi C) = - C. \end{cases}$$

Elles ne les justifient pas, mais elles rendent acceptable l'hypothèse que fait Maxwell en adoptant (*) les égalités (99bis).

(*) J. Clerk Maxwell, *loc. cit.*, p. 203, égalités (A).

Dans le cas où le milieu magnétique est parfaitement doux et où la fonction magnétisante de ce milieu se réduit à un coefficient indépendant de l'intensité d'aimantation (*), on a

$$(102) \qquad A = \mu\alpha, \qquad B = \mu\beta, \qquad C = \mu\gamma$$

et les égalités (99bis) prennent la forme

$$(80^{bis}) \qquad \begin{cases} \dfrac{\delta H}{\delta y} - \dfrac{\delta G}{\delta z} = -\mu\alpha, \\[2mm] \dfrac{\delta F}{\delta z} - \dfrac{\delta H}{\delta x} = -\mu\beta, \\[2mm] \dfrac{\delta G}{\delta x} - \dfrac{\delta F}{\delta y} = -\mu\gamma, \end{cases}$$

déjà donnée dans le mémoire : *A dynamical Theory of the electromagnetic Field*. Jointes aux égalités (**)

$$(31) \qquad \begin{cases} \dfrac{\delta\gamma}{\delta y} - \dfrac{\delta\beta}{\delta z} = -4\pi (u + \bar{u}), \\[2mm] \dfrac{\delta\alpha}{\delta z} - \dfrac{\delta\gamma}{\delta x} = -4\pi (v + \bar{v}), \\[2mm] \dfrac{\delta\beta}{\delta x} - \dfrac{\delta\alpha}{\delta y} = -4\pi (w + \bar{w}), \end{cases}$$

les équations (80bis) forment le groupe, aujourd'hui célèbre, des *six équations de Maxwell*.

Les fonctions F, G, H qui figurent dans les équations (80bis) ne sont pas entièrement déterminées ; deux fois déjà nous en avons fait la remarque ; pour achever de les déterminer, il faudrait connaître la valeur de la quantité (***)

$$(81^{bis}) \qquad \dfrac{\delta F}{\delta x} + \dfrac{\delta G}{\delta y} + \dfrac{\delta H}{\delta z} = J.$$

(*) J. Clerk Maxwell, *loc. cit.*, p. 289, n. 614.
(**) J. Clerk Maxwell, *loc. cit.*, p. 286, égalités (E) et p. 290.
(***) J. Clerk Maxwell, *loc. cit.*, p. 290, égalité (2).

Or cette quantité a une valeur inconnue, ce qui jette quelque embarras dans le calcul suivant (*) :

Les égalités (80bis) et (31) donnent sans peine les relations

$$\Delta F = \frac{\delta J}{\delta x} - 4\pi\mu\,(u + \bar{u}),$$

$$\Delta G = \frac{\delta J}{\delta y} - 4\pi\mu\,(v + \bar{v}),$$

$$\Delta H = \frac{\delta J}{\delta z} - 4\pi\mu\,(w + \bar{w}).$$

Si donc on pose

$$(107) \qquad \begin{cases} F' = \displaystyle\int \frac{\mu_1\,(u_1 + \bar{u}_1)}{r}\,d\omega_1, \\[2ex] G' = \displaystyle\int \frac{\mu_1\,(v_1 + \bar{v}_1)}{r}\,d\omega_1, \\[2ex] H' = \displaystyle\int \frac{\mu_1\,(w_1 + \bar{w}_1)}{r}\,d\omega_1, \end{cases}$$

$$(108) \qquad \chi = - \frac{1}{4\pi} \int \frac{J_1}{r}\,d\omega_1,$$

formules où les intégrations s'étendent à tout l'espace, on aura

$$(109) \qquad \begin{cases} F = F' + \dfrac{\delta\chi}{\delta x}, \\[2ex] G = G' + \dfrac{\delta\chi}{\delta y}, \\[2ex] H = H' + \dfrac{\delta\chi}{\delta z}. \end{cases}$$

(*) J. Clerk Maxwell, *loc. cit.*, p. 290, n° 616. — Ce calcul se trouvait déjà presque textuellement dans le mémoire : *A dynamical Theory of the electromagnetic Field* (J. Clerk Maxwell, Scientific Papers, vol. I, p. 581).

" La quantité χ, ajoute Maxwell (*), disparaît des équations (80bis) et n'a rapport à aucun phénomène physique. Si nous supposons qu'elle soit nulle, J est aussi nul en tout point, et les équations (107) donnent, en supprimant les accents, les vraies valeurs des composantes „ du *potentiel vecteur.*

La quantité χ, assurément, disparait des égalités (80bis) ; mais elle figure aux égalités (105) ; est-il donc, dès lors, si évident qu'elle n'ait aucune influence sur aucun phénomène physique ? Sans doute, la force électromotrice totale qui agit dans un circuit fermé

$$- \int \left(\frac{\delta F}{\delta t} \frac{dx}{ds} + \frac{\delta G}{\delta t} \frac{dy}{ds} + \frac{\delta H}{\delta t} \frac{dz}{ds} \right) ds$$

pourra aussi bien s'écrire

$$- \int \left(\frac{\delta F'}{\delta t} \frac{dx}{ds} + \frac{\delta G'}{\delta t} \frac{dy}{ds} + \frac{\delta H'}{\delta t} \frac{dz}{ds} \right) ds$$

et sa valeur sera indépendante de la détermination attribuée à la fonction χ ; mais il n'en résulte pas que celle-ci n'intervienne dans aucune discussion de physique ; l'affirmer, serait taxer d'absurdité un passage que Maxwell écrit (**) tout auprès du précédent.

La force électromotrice qui agit dans un circuit fermé étant donnée par l'expression

$$- \int \left(\frac{\delta F}{\delta t} \frac{dx}{ds} + \frac{\delta G}{\delta t} \frac{dy}{ds} + \frac{\delta H}{\delta t} \frac{dz}{ds} \right) ds,$$

Maxwell en conclut que le champ électromoteur a pour composantes en chaque point

$$(110) \quad E_x = - \frac{\delta \Psi}{\delta x} - \frac{\delta F}{\delta t}, \quad E_y = - \frac{\delta \Psi}{\delta y} - \frac{\delta G}{\delta t}, \quad E_z = - \frac{\delta \Psi}{\delta z} - \frac{\delta H}{\delta t};$$

puis il ajoute : " Les termes comprenant la nouvelle quantité Ψ ont été introduits pour donner de la généralité aux expressions de

---

(*) J. Clerk Maxwell, *loc. cit.,* p. 291.
(**) J. Clerk Maxwell, *loc. cit.,* p. 274.

E_x, E_y, E_z. Ils disparaissent quand l'intégrale est prise tout le long d'un circuit fermé. La quantité Ψ est donc indéterminée, du moins en ce qui concerne le problème actuel, où nous nous proposons d'obtenir la force électromotrice totale qui agit le long d'un circuit. Mais nous verrons que, quand on connaît toutes les conditions du problème, on peut assigner à Ψ une valeur déterminée qui est le potentiel électrique au point (x, y, z). „

Si la fonction Ψ joue un rôle dans l'analyse de certains problèmes d'électricité, pourquoi la fonction χ n'en jouerait-elle aucun ?

Ce sont les deux groupes d'équations (80bis) et (31) qui vont fournir à Maxwell l'expression de l'énergie électromagnétique qu'il veut obtenir, cela par un calcul presque semblable à celui qui est donné dans le mémoire : *A dynamical Theory of the electromagnetic Field* et que nous avons exposé au § 5.

Cette énergie, selon Maxwell, a pour première expression (*)

$$E = \frac{1}{2} \int [F(u + \bar{u}) + G(v + \bar{v}) + H(w + \bar{w})] \, d\omega.$$

Les égalités **(31)** la transforment en

$$E = -\frac{1}{8\pi} \int \left[\left(\frac{\delta\gamma}{\delta y} - \frac{\delta\beta}{\delta z} \right) F + \left(\frac{\delta\alpha}{\delta z} - \frac{\delta\gamma}{\delta x} \right) G + \left(\frac{\delta\beta}{\delta x} - \frac{\delta\alpha}{\delta y} \right) H \right] d\omega.$$

Une intégration par parties donne

$$E = -\frac{1}{8\pi} \int \left[\left(\frac{\delta H}{\delta y} - \frac{\delta G}{\delta z} \right) \alpha + \left(\frac{\delta F}{\delta z} - \frac{\delta H}{\delta x} \right) \beta + \left(\frac{\delta G}{\delta x} - \frac{\delta F}{\delta y} \right) \gamma \right] d\omega$$

ou bien, en vertu des égalités **(99bis)**,

$$(111) \qquad E = \frac{1}{8\pi} \int (A\alpha + B\beta + C\gamma) \, d\omega.$$

Dans le cas où le système ne renferme que des corps magné-

(*) J. Clerk Maxwell, *loc. cit.*, p. 305, n°s 634 à 636.

liques parfaitement doux, les égalités (102) transforment l'égalité (111) en

$$(73) \qquad E = \frac{1}{8\pi} \int \mu \, (\alpha^2 + \beta^2 + \gamma^2) \, d\omega.$$

Ainsi se retrouve par une méthode électrodynamique l'expression de l'énergie électromagnétique que le mémoire : *On physical Lines of Force* avait obtenue au moyen d'hypothèses mécaniques.

Les deux expressions (104) et (73) de l'énergie électromagnétique ne s'accordent pas; ce désaccord n'échappe point à Maxwell et ne laisse pas que de l'embarrasser; tout d'abord, il déclare (*), en parlant de l'énergie magnétique prise sous la forme (104), que " cette partie de l'énergie sera comprise dans l'énergie cinétique sous la forme que nous allons lui donner ,, c'est-à-dire sous la forme (73); mais ensuite, il reconnaît (**) que l'expression obtenue pour l'énergie électromagnétique, jointe au postulat qu'une telle énergie représente de la force vive, ne peut s'accorder avec la théorie habituelle du magnétisme : " Cette façon d'expliquer le magnétisme exige aussi que nous abandonnions la méthode où nous considérions l'aimant comme un corps continu et homogène dont la plus petite partie a des propriétés magnétiques semblables à celles du tout. Nous devons maintenant considérer un aimant comme un nombre très considérable de circuits électriques..... ,,

En rédigeant son Traité, Maxwell se proposait de prendre pour point de départ les lois bien établies de l'électricité et du magnétisme et de les traduire par des équations dont la forme laisserait transparaître les liens entre ces lois et les principes de la dynamique; mais la réalité demeure fort loin de cette promesse et, plutôt que d'abandonner une interprétation mécanique à laquelle il tient surtout, Maxwell aime mieux renoncer à l'une des branches les plus parfaites de la physique rationnelle, la théorie du magnétisme; ainsi l'avions-nous vu, dans notre Première Partie, quitter pour les hypothèses les plus aventureuses, la doctrine électrique la plus anciennement constituée, l'électrostatique.

(*) J. Clerk Maxwell, *loc. cit.*, p. 304.
(**) J. Clerk Maxwell, *loc. cit.*, p. 309.

L'électrodynamique de Maxwell procède suivant la méthode insolite que nous avons déjà analysée en étudiant l'électrostatique; sous l'influence d'hypothèses qui demeurent en son esprit vagues et imprécises, Maxwell ébauche une théorie qu'il n'achève pas, dont il ne prend même pas la peine d'écarter les contradictions; puis, il modifi· sans cesse cette théorie, il lui impose des changements essentiels qu'il ne signale pas à son lecteur; et celui-ci fait de vains efforts pour fixer la pensée fuyante et insaisissable de l'auteur; au moment où il pense y parvenir, il voit s'évanouir les parties mêmes de la doctrine qui ont trait aux phénomènes les mieux étudiés.

Cette méthode étrange et déconcertante est cependant celle qui conduit Maxwell à la théorie électromagnétique de la lumière.

CHAPITRE III

La théorie électromagnétique de la lumière

§ 1. *La vitesse de la lumière et la propagation des actions électriques;
recherches de W. Weber et de G. Kirchhoff.*

C'est à Wilhelm Weber qu'il faut remonter pour trouver la
première mention, dans l'étude des phénomènes électriques, du
nombre qui mesure la vitesse de la propagation de la lumière dans
le vide.

La première étude publiée (*) en 1846 par W. Weber, sous le
titre : *Elektrodynamische Maassbestimmungen*, contenait un appendice ainsi intitulé :

*Ueber die Zusammenhang der elektrostatischen und der elektro-
dynamischen Erscheinungen nebst Anwendung auf die elektrodyna-
mischen Maassbestimmungen.*

Cet appendice renfermait la célèbre loi de Weber.

Un fil parcouru par un courant électrique est en réalité le siège
de deux flux de direction opposée; l'un, dirigé dans le sens du
courant, charrie de l'électricité positive; l'autre, dirigé en sens
contraire, charrie de l'électricité négative; lorsque le courant est
uniforme, ces deux flux ont un égal débit.

D'autre part, la loi d'action mutuelle de deux charges électriques
énoncée par Coulomb est une loi incomplète; elle ne s'applique
qu'à des charges qui sont en repos relatif; si deux charges électriques e, e', sont séparées par une distance r variable avec le

---

(*) W. Weber, *Elektrodynamische Maassbestimmungen*, Leipzig, 1846.

temps t, ces deux charges se repoussent par une force dont l'expression est

$$\frac{ee'}{r^2}\left[1 - \frac{a^2}{16}\left(\frac{dr}{dt}\right)^2 + \frac{a^2}{8}\,r\,\frac{d^2r}{dt^2}\right].$$

Appliquée au calcul des actions électrodynamiques, cette loi redonne la loi élémentaire d'Ampère; appliquée aux phénomènes d'induction, elle en formule la loi mathématique.

La constante a figure dans chacune de ces lois. Voyons, en particulier, comment elle figure dans la loi d'Ampère.

Deux éléments de courants uniformes ds, ds' sont en présence; dans le premier, le flux d'électricité positive et le flux d'électricité négative ont une valeur commune i; dans le second, ces deux flux ont une valeur commune i'; ϵ est l'angle des deux éléments, r la distance qui les sépare, θ, θ' les angles que font ces éléments avec la droite qui va d'un point de l'élément ds à un point de l'élément ds'. Ces deux éléments se repoussent avec une force

$$- a^2\,\frac{i\,ds\,i'\,ds'}{r^2}\left(\cos\epsilon - \frac{3}{2}\cos\theta\,\cos\theta'\right).$$

Les *intensités* J, J' des deux courants sont liées aux débits partiels i, i' par les relations

$$J = 2i, \qquad\qquad J' = 2i'.$$

La force précédente peut donc encore s'écrire

$$- \frac{a^2}{4}\,\frac{J\,ds\,J'\,ds'}{r^2}\left(\cos\epsilon - \frac{3}{2}\cos\theta\,\cos\theta'\right).$$

Aujourd'hui, on écrit habituellement cette formule de la manière suivante :

$$- 2A^2\,\frac{J\,ds\,J'\,ds'}{r^2}\left(\cos\epsilon - \frac{3}{2}\cos\theta\,\cos\theta'\right),$$

A^2 étant la *constante fondamentale des actions électromagnétiques évaluée en unités électrostatiques.* La constante a^2 de Weber est, on le voit, liée à cette constante A^2 par la relation

$$(112) \qquad\qquad A^2 = \frac{a^2}{8}.$$

W. Weber, d'ailleurs, changea bientôt la forme de sa loi, qu'il écrivit

$$\frac{ee'}{r^2}\left[1 - \frac{1}{c^2}\left(\frac{dr}{dt}\right)^2 + \frac{2}{c^2}\, r\, \frac{d^2r}{dt^2}\right].$$

La nouvelle constante c^2 ainsi introduite était liée à la constante a^2 par l'égalité

$$\frac{1}{c^2} = \frac{a^2}{16}$$

et, partant, en vertu de l'égalité (112), elle est liée à la constante A^2 par l'égalité

$$(113) \qquad\qquad A^2 = \frac{2}{c^2}.$$

Il est clair que c est une grandeur de même espèce qu'une vitesse.

Imaginons que la vitesse avec laquelle les deux charges e, e' s'approchent ou s'éloignent l'une de l'autre, vitesse dont la valeur absolue est celle de $\frac{dr}{dt}$, soit une vitesse uniforme; $\frac{d^2r}{dt^2}$ sera égal à 0 et les deux charges se repousseront avec une force

$$\frac{ee'}{r^2}\left[1 - \frac{1}{c^2}\left(\frac{dr}{dt}\right)^2\right].$$

Si l'on a

$$\left(\frac{dr}{dt}\right)^2 = c^2,$$

ces deux forces se détruiront; la force électrodynamique $-\frac{1}{c^2}\frac{ee'}{r^2}\left(\frac{dr}{dt}\right)^2$ fera équilibre à la force électrostatique $\frac{ee'}{r^2}$.

Cette constante c, W. Weber et R. Kohlrausch, dans un mémoire demeuré classique (*), en ont déterminé expérimentalement la valeur; ils ont trouvé que cette valeur, évaluée *en millimètres par seconde*, était :

$$c = 439\,450 \times 10^{6}.$$

Ils font suivre simplement ce résultat de la réflexion que voici :

" Cette détermination de la constante c prouve donc que deux masses électriques devraient se déplacer avec une très grande vitesse l'une par rapport à l'autre, si l'on voulait que la *force électrodynamique* fît équilibre à la *force électrostatique;* savoir avec une vitesse de 439 millions de mètres ou de 59 320 milles par seconde; cette vitesse surpasse notablement celle de la lumière. „

L'année suivante, G. Kirchhoff (**) se proposa de déduire de la théorie de Weber les lois suivant lesquelles l'induction électrodynamique se propage dans un fil conducteur.

Il fit observer que la résistance du fil figurait dans les équations obtenues, mais divisée par un facteur constant dont la valeur numérique est extrêmement grande; de sorte que dans un fil de cuivre de quelques mètres de longueur, de quelques millimètres de rayon, les lois de variation du courant électrique étaient sensiblement les mêmes que si le fil avait une résistance nulle. Dans ce cas limite, où le fil est supposé sans résistance, l'intensité J du courant électrique qui parcourt un conducteur fermé s'exprime, à l'instant t, par la formule suivante :

$$J = - \frac{c}{4\sqrt{2}}\, e^{-ht}\left[f\left(s + \frac{c}{\sqrt{2}}t\right) + f\left(s - \frac{c}{\sqrt{2}}t\right)\right],$$

s étant la longueur du fil depuis une origine donnée jusqu'au point considéré, h une constante et f une fonction arbitraire.

(*) R. Kohlrausch et W. Weber, *Elektrodynamische Maassbestimmungen, insbesondere Zurückführung der Stromintensitäts-Messungen auf mechanische Maass,* Leipzig, 1856.

(**) G. Kirchhoff, *Ueber die Bewegung der Elektricität in Drähten* (Poggendorff's Annalen, Bd. C, 1857).

Ce courant peut être regardé comme le résultat de la superposition de deux autres courants d'intensités respectives

$$J' = \frac{c}{4\sqrt{2}}\, e^{-ht}\, f\!\left(s + \frac{c}{\sqrt{2}}t\right),$$

$$J'' = -\frac{c}{4\sqrt{2}}\, e^{-ht}\, f\!\left(s - \frac{c}{\sqrt{2}}t\right)$$

ou de deux ondes amorties qui se propagent en sens contraire avec une vitesse $\dfrac{c}{\sqrt{2}}$.

" La vitesse de propagation d'une onde électrique, dit Kirchhoff, se trouve d'après cela égale à $\dfrac{c}{\sqrt{2}}$; elle est donc indépendante de la section du fil, de sa conductibilité, enfin de la densité électrique; sa valeur est de 41 950 milles par seconde; elle est partant très voisine de la vitesse avec laquelle la lumière se propage dans un espace vide. „

L'analyse du mouvement de l'électricité dans un fil, qui avait conduit G. Kirchhoff à cette remarquable conséquence, se trouvait peu après étendue (*) par le même auteur aux conducteurs dont les trois dimensions sont finies.

Le résultat obtenu par G. Kirchhoff ne pouvait manquer de frapper Weber. Il entreprend de soumettre les oscillations d'un courant électrique variable en un fil conducteur à une étude théorique et expérimentale approfondie (**). Cette étude confirme les recherches de Kirchhoff. Moyennant certaines hypothèses, au nombre desquelles se trouve la petitesse de la résistance du fil, on reconnaît que " $\dfrac{c}{\sqrt{2}}$ est la limite vers laquelle tendent toutes les vitesses de propagation, et pour la valeur donnée de c

$$c = 439\,450 \times 10^6\, \frac{\text{millimètre}}{\text{seconde}}$$

(*) G. Kirchhoff, *Ueber die Bewegung der Elektricität in Leitern* (POGGEN-DORFF's ANNALEN, Bd. CII, 1857).

(**) Wilhem Weber, *Elektrodynamische Maassbestimmungen, insbesondere über elektrische Schwingungen*, Leipzig, 1864.

cette limite a pour valeur

$$\frac{c}{\sqrt{2}} = 310\,740 \times 10^6 \, \frac{\text{millimètre}}{\text{seconde}},$$

c'est-à-dire une vitesse de 41 950 milles en une seconde. „

„ G. Kirchhoff a déjà trouvé cette expression pour la vitesse de propagation des ondes électriques et il a remarqué „ qu'elle est „ indépendante de la section du fil, de sa conductibilité et de la „ densité électrique; que sa valeur, qui est de 41 950 milles par „ seconde, est très voisine de la vitesse de la lumière dans le vide „. Si cette concordance approchée entre la vitesse de propagation des ondes électriques et la vitesse de la lumière pouvait être regardée comme l'indice d'une relation intime entre les deux doctrines, elle mériterait le plus grand intérêt; car la recherche d'une semblable relation a une grande importance. Mais il est évident qu'il faut considérer avant toutes choses la véritable signification qu'a cette vitesse en ce qui concerne l'électricité; et cette signification ne paraît pas être de nature à favoriser de grandes espérances. „

„ En effet, comme nous l'avons montré ci-dessus, pour que la véritable vitesse de propagation s'approche de cette limite qui coïncide avec la vitesse de la lumière, il faut non seulement que le fil conducteur soit très délié, eu égard à sa longueur, mais encore que ce fil long et fin ait une très petite résistance. Il est bien évident que la vitesse réelle ne s'approchera que très rarement de cette valeur limite et que, très souvent, elle en sera fort éloignée. „

§ 2. *La vitesse de la lumière et la propagation des actions électriques; recherches de B. Riemann, de C. Neumann, et de L. Lorenz.*

L'égalité, au moins approchée,

$$(114) \qquad\qquad A^2 = \frac{1}{V^2},$$

où V désigne la vitesse de la lumière dans le vide, n'en est pas moins une conséquence des expériences de Weber et de Kohlrausch et, malgré les approximations auxquelles était soumise la proposition démontrée par G. Kirchhoff, cette égalité était trop frappante pour qu'on n'y vît pas la marque d'une relation intime entre la lumière et l'électricité. Dès ce moment, les physiciens tentèrent d'introduire dans les théories électriques l'idée d'une propagation qui se produirait à travers l'espace avec la vitesse même de la lumière.

Le 10 février 1858, Bernhard Riemann lisait à la Société des Sciences de Goettingue une note intitulée : *Ein Beitrag zur Electrodynamik;* cette note ne fut publiée (*) qu'après la mort de l'illustre analyste.

Le point de départ adopté par Riemann est le suivant.

Supposons qu'un point M porte, à l'instant t, une charge électrique variable avec t, $q(t)$. On admet ordinairement qu'en un point M', dont r est la distance au point M, cette charge électrique engendre une fonction potentielle dont la valeur, au même instant t, est $\frac{q(t)}{r}$. A l'instant t, la fonction potentielle au point M' est

$$ V' = \sum \frac{q(t)}{r} . $$

Riemann admet qu'à l'instant t, la fonction potentielle engendrée en M' par la charge du point M est $\frac{1}{r} q\left(t - \frac{r}{a}\right)$, a étant une constante positive ; la fonction potentielle en M' à l'instant t est

$$ V' = \sum \frac{q\left(t - \frac{r}{a}\right)}{r} . $$

On peut evidemment énoncer cette hypothèse en disant que la fonction potentielle électrostatique, au lieu de se propager instantanément dans l'espace, comme on l'admet habituellement, s'y propage avec la vitesse finie a.

(*) Bernhard Riemann, *Ein Beitrag zur Elektrodynamik,* Poggendorff's Annalen, Bd. CXXXI. — *Bernhard Riemann's gesammelte mathematische Werke,* p. 270; 1876.

Or, de cette hypothèse, Bernhard Riemann déduit pour le potentiel électrodynamique mutuel de deux systèmes, une formule qui coïncide avec celle que W. Weber a donnée, pourvu que l'on prenne

$$a = \frac{c}{V^2},$$

" D'après la détermination de Weber et de Kohlrausch, on a

$$c = 439\ 450 \times 10^6 \frac{\text{millimètre}}{\text{seconde}}.$$

" Il en résulte que a est égal à 41949 milles géographiques par seconde, tandis que les calculs de Busch, prenant pour point de départ les observations d'aberration faites par Bradley, donnent pour vitesse de la lumière 41 994 milles, et que Fizeau, par une mesure directe, a trouvé 41 882 milles. ,

Riemann pouvait donc résumer de la manière suivante sa contribution à l'électrodynamique :

" J'ai trouvé que l'on pouvait expliquer les actions électrodynamiques des courants électriques en supposant que l'action d'une masse électrique sur une autre ne se produit pas instantanément, mais se propage avec une vitesse constante; cette vitesse est d'ailleurs égale, aux erreurs d'expérience près, à la vitesse de la lumière. „

Malheureusement, selon une remarque de Clausius (*), l'analyse de B. Riemann était certainement inexacte; l'éditeur des œuvres de Riemann, M. H. Weber, suppose avec vraisemblance que l'erreur avait été reconnue par Riemann et l'avait empêché de livrer sa note à l'impression.

En 1868, alors que l'écrit de Riemann était encore inconnu, l'Université de Bonn fêtait son jubilé cinquantenaire ; comme *Gratulationsschrift* de l'Université de Tubingue, M. Carl Neumann présenta un écrit intitulé : *Theoria nova phœnomenis electricis applicanda;* cet écrit contenait le résumé d'une théorie qui fut,

---

(*) R. Clausius, Poggendorff's Annalen, Bd. CXXXV, p. 606; 1869.

plus tard, publiée *in extenso* sous ce titre (*) : *Die Principien der Elektrodynamik.*

L'hypothèse fondamentale de M. Carl Neumann concordait essentiellement avec celle de Riemann ; l'auteur l'énonçait en ces termes : " Nova introducitur suppositio, statuendo, causam illam motricem, quam potentiale vocamus, ab altera massa ad alteram non subito sed progrediente tempore transmitti, atque — ad instar lucis — per spatium propagari celeritate quadam permagna et constante. Quam celeritatem denotabimus litera *c.* ,

" Ista suppositio, conjuncta cum hac altera, principium Hamiltonianum normam exprimere supremam ac sacrosanctam nullis exceptionibus obviam, fit *suppositio in theoria nostra fundamentalis*, ex qua (absque ulla ulteriore suppositione) leges illæ notissimæ a cel[is] Ampère, Neumann, Weber, conditæ sua sponte emanabunt. ,

Mais si l'hypothèse essentielle admise par M. Carl Neumann concorde avec celle qu'avait émise B. Riemann, elle s'en sépare immédiatement lorsque son auteur la traduit en formules.

Considérons, dit-il, deux points M, M', portant des charges électriques et agissant l'un sur l'autre ; soit *r* leur distance à l'instant *t*. D'après ce que nous avons dit de la propagation du potentiel, nous devons distinguer deux espèces de potentiel : le *potentiel émissif* et le *potentiel réceptif*.

Le *potentiel émissif* du point M est le potentiel qui est émis par le point M à l'instant *t*, et qui ne parvient au point M' que quelque temps après ; il a pour expression

$$\omega_0 = \frac{e e'}{r}.$$

Quant au *potentiel réceptif*, M. Carl Neumann le définit en ces termes : " *Potentiale receptivum* vocabimus id, quod utrumque punctum *recipit tempore t*, aliquanto antea ab altero puncto emissum. Unde elucet potentiale receptivum respectu *dati* temporis

---

(*) C. Neumann, *Die Principien der Elektrodynamik*, Mathematische Annalen, Bd. XVII, p. 400.

cujuslibet formatum idem esse ac potentiale emissivum respectu temporis cujusdam *prioris* formatum. „

Par des considérations qu'il serait trop long d'exposer ici, mais que l'on trouvera dans l'écrit intitulé : *Die Principien der Elektro-dynamik*, M. Carl Neumann parvient à l'expression du potentiel réceptif ω que donnent les égalités suivantes :

$$\omega = w + \frac{d\pi}{dt},$$

$$w = \frac{ee'}{r}\left[1 + \frac{1}{c^2}\left(\frac{dr}{dt}\right)^2\right],$$

$$\pi = ee'\left(\frac{\log r}{c} - \frac{1}{2c^2}\frac{dr}{dt}\right).$$

De cette expression du potentiel émissif, l'emploi du principe de Hamilton permet de tirer l'expression de la force que chaque point subit à l'instant t; cette force est dirigée suivant la droite qui joint les deux points, elle est répulsive et a pour grandeur

$$\frac{ee'}{r^2}\left[1 - \frac{1}{c^2}\left(\frac{dr}{dt}\right)^2 + \frac{2}{c^2}r\frac{d^2r}{dt^2}\right].$$

C'est la force donnée par la loi de Weber.

Pour que la théorie de M. Carl Neumann s'accorde avec les lois connues de l'électrodynamique, il sera nécessaire de donner à la constante c la valeur, déterminée par Weber et Kohlrausch,

$$c = 439\,450 \times 10^3\,\frac{\text{millimètre}}{\text{seconde}}.$$

Ce n'est donc pas avec une vitesse égale à la vitesse V de la lumière dans le vide que se propage le potentiel, mais avec une vitesse plus grande et égale à V $\sqrt{2}$.

Dans le volume même des Annales de Poggendorff où était

imprimée pour la première fois l'hypothèse électrodynamique de B. Riemann, L. Lorenz publiait (*) une théorie qui avait avec la pensée de Riemann, d'ailleurs inconnue de l'auteur, une affinité plus étroite que la théorie de C. Neumann.

En généralisant par induction les équations de l'électrodynamique données par W. Weber, G. Kirchhoff (**) était parvenu à un système d'équations régissant la propagation des actions électriques dans les corps conducteurs.

Soit $V = \sum \frac{q}{r}$ la fonction potentielle électrostatique, où la sommation s'étend à toutes les charges électriques q du système.

Cette fonction peut s'exprimer plus explicitement.

A l'instant t, au point (x, y, z) d'un volume électrisé, la densité électrique solide a pour valeur σ (x, y, z, t); à l'instant t, au point (x, y, z) d'une surface électrisée, la densité superficielle électrique a pour valeur Σ (x, y, z, t). On a alors

$$(114) \qquad V(x, y, z, t) = \int \frac{\sigma(x', y', z', t)}{r} \, d\omega' + \int \frac{\Sigma(x', y', z', t)}{r} \, dS',$$

la première intégrale s'étendant à tous les éléments $d\omega'$ des volumes électrisés et la seconde à tous les éléments dS' des surfaces électrisées.

Soient

$$u(x, y, z, t), \qquad v(x, y, z, t), \qquad w(x, y, z, t)$$

les trois composantes du flux électrique (***) au point (x, y, z), à l'instant t.

(*) L. Lorenz, *Sur l'identité des vibrations de la lumière et des courants électriques* (cf. SELSKABS. OVERS., 1867, p. 26. — POGGENDORF's ANNALEN, Bd. CXXXI, p. 243; 1867. — *Œuvres scientifiques de L. Lorenz, revues et annotées par H. Valentiner*, t. I, p. 173; 1896).

(**) G. Kirchhoff, *Ueber die Bewegung der Elektricität in Leitern*. (POGGENDORFF's ANNALEN, Bd. CII; 1857).

(***) Dans le mémoire de G. Kirchhoff, u, v, w, ont un sens un peu différent, lié aux conceptions particulières de Weber sur la nature du courant électrique.

. Considérons les fonctions

$$(115) \quad \begin{cases} U(x, y, z, t) = \displaystyle\int \frac{x' - x}{r^3} [\ (x' - x)\, u\, (x', y', z', t) \\ \qquad\qquad\qquad\quad + (y' - y)\, v\, (x', y', z', t) \\ \qquad\qquad\qquad\quad + (z' - z)\, w\, (x', y', z', t)]\, d\omega', \\ V(x, y, z, t) = \ldots\ldots\ , \quad W(x, y, z, t) = \ldots\ldots\ . \end{cases}$$

Les équations du mouvement de l'électricité dans un corps conducteur dont ρ est la résistance spécifique s'écriront, selon G. Kirchhoff,

$$(116) \quad \begin{cases} u = -\dfrac{1}{\rho}\left(\dfrac{\delta V}{\delta x} + \dfrac{2}{c^2}\dfrac{\delta U}{\delta t}\right), \\[2mm] v = -\dfrac{1}{\rho}\left(\dfrac{\delta V}{\delta y} + \dfrac{2}{c^2}\dfrac{\delta V}{\delta t}\right), \\[2mm] w = -\dfrac{1}{\rho}\left(\dfrac{\delta V}{\delta z} + \dfrac{2}{c^2}\dfrac{\delta W}{\delta t}\right). \end{cases}$$

L. Lorenz fait remarquer fort justement qu'en prenant pour point de départ non pas les formules de l'induction données par Weber, mais d'autres formules qui leur sont rigoureusement équivalentes pour le seul cas étudié jusqu'alors, celui des courants linéaires uniformes, on peut obtenir non point les équations précédentes, mais d'autres équations analogues, en particulier celles-ci :

$$(117) \quad \begin{cases} u = -\dfrac{1}{\rho}\left(\dfrac{\delta V}{\delta x} - \dfrac{2}{c^2}\dfrac{\delta F}{\delta t}\right), \\[2mm] v = -\dfrac{1}{\rho}\left(\dfrac{\delta V}{\delta y} - \dfrac{2}{c^2}\dfrac{\delta G}{\delta t}\right), \\[2mm] w = -\dfrac{1}{\rho}\left(\dfrac{\delta V}{\delta z} - \dfrac{2}{c^2}\dfrac{\delta H}{\delta t}\right), \end{cases}$$

où l'on a

$$(118) \quad \begin{cases} \mathrm{F}\,(x, y, z, t) = \displaystyle\int \frac{u\,(x', y', z, t)}{r}\, d\omega', \\[2mm] \mathrm{G}\,(x, y, z, t) = \displaystyle\int \frac{v\,(x', y', z', t)}{r}\, d\omega', \\[2mm] \mathrm{H}\,(x, y, z, t) = \displaystyle\int \frac{w\,(x', y', z', t)}{r}\, d\omega'. \end{cases}$$

Cette remarque devait bientôt être reprise par Helmholtz (*) et lui suggérer l'introduction, dans les théories électrodynamiques, de la constante numérique, d'une si grande importance, qu'il désigne par la lettre k.

Ce sont les équations (117) que L. Lorenz prend pour équations du mouvement de l'électricité; mais au lieu d'y conserver les fonctions V, F, G, H, définies par les égalités (114) et (118), il y substitue les fonctions

$$(114^{bis}) \quad \overline{\mathrm{V}}\,(x, y, z, t) = \int \frac{\sigma\,(x', y', z', t - \frac{r}{a})}{r}\, d\omega'$$

$$+ \int \frac{\Sigma\,(x', y', z', t - \frac{r}{a})}{r}\, d\mathrm{S}',$$

$$(118^{bis}) \quad \begin{cases} \overline{\mathrm{F}}\,(x, y, z, t) = \displaystyle\int \frac{u\,(x', y', z', t - \frac{r}{a})}{r}\, d\omega', \\[2mm] \overline{\mathrm{G}}\,(x, y, z, t) = \displaystyle\int \frac{v\,(x', y', z', t - \frac{r}{a})}{r}\, d\omega', \\[2mm] \overline{\mathrm{H}}\,(x, y, z, t) = \displaystyle\int \frac{w\,(x', y', z', t - \frac{r}{a})}{r}\, d\omega', \end{cases}$$

(*) Helmholtz, *Ueber die Gesetze der inconstanten elektrischen Ströme in körperlich ausgedehnten Leitern* (VERHANDLUNGEN DES NATURHISTORISCH-MEDICINISCHEN VEREINS ZU HEIDELBERG, 21 janvier 1870. — WISSENSCHAFTLICHE ABHANDLUNGEN, Bd. I, p. 537). — *Ueber die Bewegungsgleichungen der Elektrodynamik für ruhende leitende Körper* (BORCHARDT's JOURNAL FÜR REINE UND ANGEWANDTE MATHEMATIK, Bd. LXXII, p. 57. — WISSENSCHAFTLICHE ABHANDLUNGEN, Bd. I, p. 515).

où

$$(119) \qquad a = \frac{c}{\sqrt{2}} .$$

C'est, on le voit, l'hypothèse, émise par B. Riemann, selon laquelle la fonction potentielle électrique se propage avec la vitesse a, que L. Lorenz admet et qu'il étend aux fonctions F, G, H, composantes de l'*état électrotonique*.

Les équations (117) deviennent

$$(117^{\text{bis}}) \quad \begin{cases} u = - \dfrac{1}{\rho} \left(\dfrac{\delta \overline{U}}{\delta x} + \dfrac{2}{c^2} \dfrac{\delta \overline{F}}{\delta t} \right), \\[2mm] v = - \dfrac{1}{\rho} \left(\dfrac{\delta \overline{V}}{\delta y} + \dfrac{2}{c^2} \dfrac{\delta \overline{G}}{\delta t} \right), \\[2mm] w = - \dfrac{1}{\rho} \left(\dfrac{\delta \overline{W}}{\delta z} + \dfrac{2}{c^2} \dfrac{\delta \overline{H}}{\delta t} \right). \end{cases}$$

Ces équations ne diffèrent des équations (117) que par la substitution de $\left(t - \dfrac{r}{a} \right)$ à t; or, dans toutes les expériences, r est égal au plus à quelques mètres, tandis que a représente une vitesse égale à peu près à 300 000 kilomètres par seconde; $\left(t - \dfrac{r}{a} \right)$ diffère donc extrêmement peu de t et les équations (117) et (117bis) peuvent être regardées comme également vérifiées par l'expérience.

On vérifie sans peine qu'en tout point d'une masse continue, on a

$$a^2 \Delta \overline{V} - \frac{\delta^2 \overline{V}}{\delta t^2} = - 4\pi a^2 \sigma \, (x, y, z, t),$$

$$a^2 \Delta \overline{F} - \frac{\delta^2 \overline{F}}{\delta t} = - 4\pi a^2 u \, (x, y, z, t),$$

$$a^2 \Delta \overline{G} - \frac{\delta^2 \overline{G}}{\delta t^2} = - 4\pi a^2 v \, (x, y, z, t),$$

$$a^2 \Delta \overline{H} - \frac{\delta^2 \overline{H}}{\delta t^2} = - 4\pi a^2 w \, (x, y, z, t).$$

Dès lors, il n'est pas malaisé de voir que les équations (117bis) et (119) permettent d'écrire les équations

$$(120) \quad \begin{cases} \Delta u \; - \dfrac{2}{c^2}\dfrac{\delta^2 u}{\delta t^2} = \dfrac{4\pi}{\rho}\left(\dfrac{\delta\sigma}{\delta x} + \dfrac{2}{c^2}\dfrac{\delta u}{\delta t}\right), \\[2ex] \Delta v \; - \dfrac{2}{c^2}\dfrac{\delta^2 v}{\delta t^2} = \dfrac{4\pi}{\rho}\left(\dfrac{\delta\sigma}{\delta y} + \dfrac{2}{c^2}\dfrac{\delta v}{\delta t}\right), \\[2ex] \Delta w \; - \dfrac{2}{c^2}\dfrac{\delta^2 w}{\delta t^2} = \dfrac{4\pi}{\rho}\left(\dfrac{\delta\sigma}{\delta z} + \dfrac{2}{c^2}\dfrac{\delta w}{\delta t}\right), \end{cases}$$

auxquelles doit être jointe l'équation de continuité

$$\frac{\delta u}{\delta x} + \frac{\delta v}{\delta y} + \frac{\delta w}{\delta z} + \frac{\delta\sigma}{\delta t} = 0.$$

On voit sans peine que chacune des trois quantités

$$\omega_x = \frac{\delta w}{\delta y} - \frac{\delta v}{\delta z}, \quad \omega_y = \frac{\delta u}{\delta z} - \frac{\delta w}{\delta x}, \quad \omega_z = \frac{\delta v}{\delta x} - \frac{\delta u}{\delta y}$$

vérifie l'équation

$$\Delta\omega \; - \frac{2}{c^2}\frac{\delta^2\omega}{\delta t^2} = \frac{8\pi}{\rho c^2}\frac{\delta\omega}{\delta t}.$$

Si le milieu considéré est extrêmement résistant, de telle sorte que ρ ait une très grande valeur, le second membre de cette équation est négligeable devant le premier membre; l'équation se réduit à la forme bien connue

$$\Delta\omega \; - \frac{2}{c^2}\frac{\delta^2\omega}{\delta t^2} = 0,$$

ce qui nous enseigne que, dans le milieu considéré, les flux électriques transversaux se propagent avec la vitesse $\dfrac{c}{\sqrt{2}}$. Nous parvenons ainsi à la proposition suivante :

Dans un milieu extrêmement résistant, les flux électriques transversaux se propagent avec une vitesse égale à la vitesse de la lumière dans le vide.

Encouragé par cet important résultat, L. Lorenz n'hésite pas à formuler une théorie électromagnétique de la lumière : les milieux transparents sont tous des milieux très mauvais conducteurs de l'électricité et la lumière qui se propage en ces milieux est constituée par des flux électriques transversaux périodiques.

L'hypothèse, assurément, est séduisante ; elle se heurte cependant à de grandes difficultés.

En premier lieu, les équations obtenues n'excluent nullement la possibilité de flux électriques longitudinaux, dont le rôle sera difficile à expliquer.

En second lieu, et c'est l'objection la plus grave, selon la théorie précédente, dans un milieu très mauvais conducteur quelconque, les flux électriques transversaux se propagent toujours avec une vitesse égale à la vitesse de la lumière dans le vide ; au contraire, dans un milieu transparent, la lumière se propage avec une vitesse qui caractérise ce milieu et qui est moindre que la vitesse de la lumière dans le vide ; et l'on ne voit aucun moyen simple de modifier les hypothèses de la théorie précédente de telle manière que cette contradiction disparaisse.

Cette contradiction semble condamner irrémédiablement la théorie électromagnétique de la lumière proposée par L. Lorenz.

§ 3. *L'hypothèse fondamentale de Maxwell. — Polarisation électrodynamique des diélectriques*

Une différence logique extrêmement profonde sépare les hypothèses de B. Riemann, de L. Lorenz, de M. C. Neumann, des suppositions admises jusque-là sur la propagation des actions physiques.

La théorie de l'émission de la lumière représentait la propagation de la lumière comme la marche d'un projectile ; ce qui se propageait, en cette théorie, c'était une substance.

La propagation du son se produit, au contraire, sans que la substance siège de cette propagation, l'air par exemple, subisse des déplacements notables ; mais, tandis qu'une masse d'air, d'abord en mouvement, retombe au repos, une masse voisine, qui était en repos, se met en mouvement ; dans ce cas, il y a propagation non d'une substance, mais d'un accident, d'un mouvement.

De ces deux types se rapprochent la plupart des théories physiques où intervient la notion de propagation. Dans la théorie des ondulations, la transmission de la lumière est la propagation d'un mouvement; et lorsque, adoptant les idées de Weber, Kirchhoff étudie la propagation de l'électricité dans les corps conducteurs, il la considère comme le flux d'une certaine substance.

On peut évidemment généraliser davantage encore et concevoir la propagation en un corps d'un accident qui ne serait pas un mouvement de ce corps, mais une qualité quelconque; pour un physicien qui regarde l'électricité comme n'étant ni un fluide, ni un mouvement, mais simplement une certaine qualité, les équations de Kirchhoff représentent une propagation de cette qualité au travers des corps conducteurs.

Mais toutes ces manières diverses de considérer la notion de propagation ont un caractère commun; substance ou accident, c'est quelque chose de réel qui disparaît d'une région de l'espace pour apparaître dans une région voisine. Il n'en est plus de même dans les théories de la propagation des actions électriques proposées par B. Riemann, par L. Lorenz, par M. Carl Neumann; ce n'est plus une réalité qui parcourt l'espace, mais une fiction, un symbole mathématique, tel que la fonction potentielle ou les composantes de l'état électrotonique.

Ce caractère des nouvelles théories a peut-être été soupçonné par L. Lorenz; en tous cas, il a été clairement aperçu par M. Carl Neumann; mais celui-ci n'hésite pas à regarder la fonction potentielle, dont il suppose la propagation, comme une réalité : " Potentiis datis, dit-il, datum esse potentiale, ac vice versa, potentiali dato, datas esse potentias, satis notum est. Unde apparet in traditam mechanices theoriam nil novi introduci statuendo, potentiale principalem esse causam, ab isto procreari potentias, scilicet potentiale vocare *veram causam motricem*, potentias vero tantummodo formam vel speciem exprimere ab illa causa sibi paratam. „ Ce passage permettrait, je crois, de regarder à juste titre M. Carl Neumann comme le créateur de la doctrine philosophique et scientifique qui a aujourd'hui si grande vogue sous le nom de doctrine de la migration de l'énergie (Wanderung der Energie).

Les idées de Maxwell n'ont rien de commun avec ces doctrines ;

les symboles mathématiques ne se propagent pas; par exemple, la fonction potentielle électrostatique au point (x, y, z), à l'instant a pour expression, dans un milieu de pouvoir diélectrique K,

$$V(x, y, z, t) = \frac{1}{K} \sum \frac{q(x', y'. z'. t)}{r}$$

et non, comme le voudrait l'hypothèse de B. Riemann,

$$V(x, y, z, t) = \frac{1}{K} \sum \frac{1}{r} q\left(x', y', z', t - \frac{r}{a}\right).$$

Ce qui se propage, c'est une qualité réelle : dans les corps conducteurs, le flux de conduction, dans les corps diélectriques, le flux de déplacement.

La considération des corps diélectriques est, d'ailleurs, un des points essentiellement nouveaux de la théorie de Maxwell; ni B. Riemann, ni M. C. Neumann n'ont fait la moindre allusion à la polarisation des diélectriques; pour L. Lorenz, les corps isolants sont simplement des corps dont la résistance spécifique est très grande, des corps très mauvais conducteurs (*) et c'est au *flux de conduction* se propageant dans de semblables corps qu'il assimile les vibrations lumineuses.

Au contraire, pour Maxwell, la lumière qui se propage en des corps transparents consiste essentiellement en *flux de déplacement* produits au sein de corps diélectriques.

Ces flux de déplacement, nous le savons, produisent les mêmes actions pondéromotrices et électromotrices que les flux de conduction ; mais leur génération est soumise à une autre loi, et l'invention de cette loi est une des idées les plus puissantes et les plus fécondes de Maxwell.

Dans un système où l'équilibre est établi, les composantes f, g, h

---

(*) La différence entre le point de vue de Maxwell et le point de vue de Lorenz a été fort bien marquée dans une note ajoutée par M. H. Valentinier aux œuvres scientifiques de ce dernier (L. Lorenz, *Œuvres scientifiques,* revues et annotées par H. Valentinier, tome I, p. 204, note 16).

du déplacement sont liées aux dérivées de la fonction potentielle électrostatique Ψ par les égalités [1re partie, égalités (102)]

$$f = - \frac{K}{4\pi} \frac{\delta\Psi}{\delta x}, \qquad g = - \frac{K}{4\pi} \frac{\delta\Psi}{\delta y}, \qquad h = - \frac{K}{4\pi} \frac{\delta\Psi}{\delta z}.$$

Dans un système qui n'est pas en équilibre, les égalités précédentes doivent être remplacées par celles-ci

$$(121) \qquad f = \frac{K}{4\pi} E_x, \qquad g = \frac{K}{4\pi} E_y, \qquad h = \frac{K}{4\pi} E_z,$$

où E_x, E_y, E_z sont les composantes du champ électromoteur total, aussi bien du champ d'induction que du champ statique.

Voyons cette idée découler naturellement des hypothèses admises par Maxwell touchant la constitution des diélectriques.

Nous avons reconnu, au cours de cette étude, que Maxwell se laissait presque constamment guider, dans ses suppositions touchant les diélectriques, par les hypothèses de Faraday et de Mossotti, conçues elles-mêmes à l'imitation des hypothèses magnétiques de Poisson. Selon ces hypothèses, un diélectrique est formé de petites masses conductrices, noyées dans un ciment isolant. L'action d'un champ électromoteur d'induction sur un diélectrique résultera donc des actions que ce champ exerce sur un grand nombre de conducteurs ouverts.

Or, en un conducteur ouvert, un champ électromoteur d'induction produit le même effet qu'un champ électromoteur statique ; il oblige l'électricité à se distribuer de telle sorte que la charge positive s'accumule à l'une des extrémités du conducteur et la charge négative à l'autre extrémité ; en d'autres termes, ce champ *polarise* le conducteur ouvert.

Maxwell insiste à plusieurs reprises au sujet de cette action qu'un champ d'induction exerce sur un conducteur ouvert.

" Considérons, écrit-il déjà dans son mémoire *On Faraday's Lines of Force* (*), un conducteur linéaire ne formant pas un circuit fermé ; supposons que ce conducteur coupe des lignes de force

---

(*) J. Clerk Maxwell, Scientific Papers, vol. I, p. 186.

magnétique, soit par l'effet de son propre mouvement, soit par les variations du champ magnétique. Une force électromotrice agira dans la direction du conducteur; mais cette force ne pourra produire un courant, car le conducteur n'est pas fermé; elle produira une tension électrique aux extrémités du conducteur. „

De ce passage, Maxwell ne tire, pour le moment, aucune conclusion relative à la polarisation des diélectriques, à laquelle il ne s'attache guère en ce premier mémoire sur l'électricité; il en va autrement du mémoire : *On physical Lines of Force.*

« L'expérience nous enseigne, y écrit-il (*), que la tension électrique est de même nature, qu'elle soit engendrée par l'électricité statique ou par l'électricité galvanique; une force électromotrice produite par le galvanisme, par exemple celle que fournit une bobine d'induction, peut charger une bouteille de Leyde. „

«... Si une différence de tension existe entre les diverses parties d'un corps, l'électricité passe ou tend à passer de la partie où la tension est la plus grande à la partie où elle est la plus faible. „

L'application de ces considérations aux petits corps conducteurs que renferme un diélectrique est immédiate; elle impose des conclusions que Maxwell énonce en ces termes (**) :

« Lorsqu'une force électromotrice agit sur un diélectrique, elle produit un état de polarisation de ses particules semblables à la distribution de la polarité sur les particules du fer qu'on soumet à l'action d'un aimant; comme la polarisation magnétique, cet état de polarisation peut être figuré comme un état où chaque particule possède deux pôles de propriétés contraires. „

« Lorsqu'un diélectrique est soumis à l'induction, nous pouvons concevoir que, dans chaque molécule, l'électricité est déplacée de manière à rendre positive une des extrémités et négative l'autre extrémité; mais l'électricité demeure liée en entier à chaque molécule et ne peut passer d'une molécule à une autre. „

« L'effet de cette action sur la masse totale du diélectrique est de produire un déplacement général de l'électricité dans une certaine direction... La grandeur du déplacement dépend de la

---

(*) J. Clerk Maxwell, Scientific Papers, vol. I, p. 490.
(**) J. Clerk Maxwell, *loc.cit.*, p. 491.

nature du corps et de la force électromotrice; si h est le déplacement, R la force électromotrice et E un coefficient qui dépend de
la nature du diélectrique, on a

$$R = - 4\pi E^2 h \ (*);$$

et si r est la valeur du courant électrique dû au déplacement

$$r = \frac{dh}{dt} \cdot \text{ }_\text{„}$$

Les mêmes idées se retrouvent, sous une forme encore plus
nette, dans le mémoire : *A dynamical Theory of the electromagnetic
Field*.

" Si un corps se meut au travers des lignes de force magnétique, il subit, écrit Maxwell (**), ce que l'on nomme une force
électromotrice; les deux extrémités du corps tendent à prendre un
état électrique opposé et un courant électrique tend à circuler au
travers du corps. Si la force électromotrice est suffisamment puissante, et si elle s'exerce sur certains corps composés, elle les
décompose, transporte l'un des composants à l'une des extrémités
du corps et l'autre composant à l'autre extrémité. „

" Ces faits mettent en évidence une force; cette force produit un
courant, en dépit de la résistance; cette force communique des
électrisations opposées aux deux extrémités du corps, créant un
état que l'action de la force électromotrice est seule capable de
maintenir; au moment où cette force cesse d'agir, cet état tend, par
une force égale et de sens contraire, à produire un contre-courant
au travers du corps et à ramener celui-ci à son état électrique
initial; enfin, lorsque cette force est assez puissante, elle arrache
les unes aux autres les parties d'un composé chimique et les
charrie en des sens opposés, bien que ces parties aient une
tendance naturelle à se combiner, et à se combiner précisément
avec une énergie capable d'engendrer une force électromotrice
de sens contraire. „

(*) Au sujet du signe du second membre, voir 1ᵉ Partie, égalité (42).
(**) J. Clerk Maxwell, Scientific Papers, vol. I, p. 530.

« Telle est donc la force à laquelle un corps se trouve soumis lorsqu'on le déplace dans un champ magnétique ou lorsque quelque changement se produit dans ce champ; cette force a pour effet ou bien de produire dans le corps un courant et un dégagement de chaleur; ou bien de décomposer le corps; ou bien enfin, si l'un et l'autre effet lui sont également impossibles, de mettre le corps dans un état de polarisation électrique; cet état de polarisation est un état de contrainte où les extrémités opposées du corps sont électrisées en sens contraire; aussitôt que la force perturbatrice est écartée, le corps réagit et, de lui-même, perd cet état. »

« ... Lorsqu'une force électromotrice agit en un circuit conducteur, elle produit un courant... Mais lorsqu'une force électromotrice agit en un diélectrique, elle produit un état de polarisation de ses parties... » et Maxwell, citant d'ailleurs Faraday et Mossotti dont il s'inspire visiblement, reproduit, au sujet de cette polarisation diélectrique, le passage du mémoire: *On physical Lines of Force* que nous avons cité plus haut.

Telles sont, dans leur suite naturelle, les inductions qui ont conduit Maxwell à poser les équations générales de la polarisation diélectrique (*)

$$(121) \qquad f = \frac{\mathrm{K}}{4\pi} E_x, \qquad g = \frac{\mathrm{K}}{4\pi} E_y, \qquad h = \frac{\mathrm{K}}{4\pi} E_z.$$

Dans un milieu homogène, les composantes E_x, E_y, E_z du champ électromoteur sont données par les égalités (82), en sorte que les égalités (121) deviennent

$$(122) \qquad \begin{cases} f = - \dfrac{\mathrm{K}}{4\pi} \left(\dfrac{\partial \Psi}{\partial x} + \dfrac{\delta \mathrm{F}}{\delta t} \right), \\[2ex] g = - \dfrac{\mathrm{K}}{4\pi} \left(\dfrac{\partial \Psi}{\partial y} + \dfrac{\delta \mathrm{G}}{\delta t} \right), \\[2ex] h = - \dfrac{\mathrm{K}}{4\pi} \left(\dfrac{\partial \Psi}{\partial z} + \dfrac{\delta \mathrm{H}}{\delta t} \right). \end{cases}$$

(*) J. Clerk Maxwell, *A dynamical Theory of the electromagnetic Field*, (Scientifics Papers, vol. I, p. 560.) — *Traité d'Électricité et de Magnétisme*, vol. II, p. 287.

D'ailleurs, dans ce cas, les composantes du flux de déplacement
ont pour valeurs

$$(3) \qquad \bar{u} = \frac{\delta f}{\delta t}, \qquad \bar{v} = \frac{\delta g}{\delta t}, \qquad \bar{w} = \frac{\delta h}{\delta t}.$$

On a donc

$$(123) \qquad \begin{cases} \bar{u} = -\dfrac{K}{4\pi}\dfrac{\delta}{\delta t}\left(\dfrac{\delta\Psi}{\delta x} + \dfrac{\delta F}{\delta t}\right), \\[2ex] \bar{v} = -\dfrac{K}{4\pi}\dfrac{\delta}{\delta t}\left(\dfrac{\delta\Psi}{\delta y} + \dfrac{\delta G}{\delta t}\right), \\[2ex] \bar{w} = -\dfrac{K}{4\pi}\dfrac{\delta}{\delta t}\left(\dfrac{\delta\Psi}{\delta z} + \dfrac{\delta H}{\delta t}\right). \end{cases}$$

Ces équations sont le fondement de la théorie électromagnétique
de la lumière.

§ 4. *Première ébauche de la théorie électromagnétique de la lumière de Maxwell*

Toutefois, avant de développer une théorie électromagnétique
de la lumière fondée sur ces équations, Maxwell avait obtenu les
deux lois essentielles de cette théorie par une méthode toute
différente. Cette méthode, intimement liée aux hypothèses mécaniques que renferme le mémoire : *On physical Lines of Force*, est
exposée dans ce mémoire.

Nous avons vu (1re Partie, Chapitre III) comment, dans ce
mémoire, Maxwell se représente l'action d'un champ électromoteur sur un diélectrique. La force électromotrice est assimilée
à une traction qui s'exerce sur les parois parfaitement élastiques
des cellules; si R est le champ électromoteur, les parois subis-
sent un déplacement dans la direction de ce champ; la valeur
moyenne par unité de volume de ce déplacement, que désigne
la lettre h, est liée au champ électromoteur R par la relation
[1re Partie, égalité (42bis)]

$$R = 4\pi E^2 h,$$

E^2 étant une quantité qui dépend de l'élasticité des parois cellulaires.

Sans discuter, au point de vue de la théorie de l'élasticité, la solution du problème traité par Maxwell, nous nous bornerons à indiquer la relation qui existe, selon lui, entre E^2 et les coefficients d'élasticité de la substance.

Maxwell exprime (*) E^2 en fonction de deux coefficients qu'il désigne par μ et m et que, pour éviter certaines confusions, nous désignerons par μ' et m; cette expression est la suivante :

$$(124) \qquad E^2 = \pi m \, \frac{9\mu'}{3\mu' + 5m} \, .$$

Le coefficient μ' est défini (**) comme le rapport de la pression à la contraction cubique dans un corps uniformément pressé; c'est donc l'inverse de ce qu'on nomme habituellement le coefficient de compressibilité cubique. Si nous désignons par Λ et M les coefficients que Lamé désigne par λ et μ, nous aurons (***)

$$(125) \qquad \mu' = \frac{3\Lambda + 2M}{3} \, .$$

Quant au coefficient m, en comparant (iv) les équations de Maxwell à celles de Lamé, on trouve de suite

$$(126) \qquad m = 2M.$$

En vertu des égalités (125) et (126), l'égalité (124) devient

$$(127) \qquad E^2 = \pi m \, \frac{3\Lambda + 2M}{\Lambda + 4M} \, .$$

(*) J. Clerk Maxwell, Scientific Papers, vol. I, p. 495, égalité (107).

(**) J. Clerk Maxwell, *loc. cit.*, p. 493, égalité (80).— Pour mettre cette égalité d'accord avec le reste de l'exposé de Maxwell, il faut changer le signe du second membre.

(***) Lamé, *Leçons sur l'Élasticité*, 2e édition, p. 74, égalité (a).

(iv) J. Clerk Maxwell, *loc. cit.*, p. 493, égalité (83) et Lamé, *loc. cit.*, p. 65, égalités (1).

Si l'on admet la théorie de l'élasticité moléculaire telle que l'a développée Poisson, on a comme l'on sait, l'égalité

$$(128) \qquad \Lambda = M$$

et l'égalité (127) devient

$$(129) \qquad E^2 = \pi m$$

que Maxwell accepte (*) pour le développement ultérieur de sa théorie.

Selon cette théorie, deux charges électriques dont les valeurs en unités électromagnétiques sont q_1, q_2, se repoussent à une distance r avec une force [1re Partie, égalité (78)]

$$(130) \qquad F = E^2 \frac{q_1 q_2}{r^2} ,$$

E^2 ayant la valeur qui convient au diélectrique interposé.

Si ce diélectrique est le vide, la valeur de E^2 peut être demandée à la célèbre expérience de Weber et Kohlrausch; nous trouvons alors (**) que E est une grandeur de même espèce qu'une vitesse dont la valeur numérique est

$$(131) \qquad E = 310\,740 \times 10^6 \, \frac{\text{millimètre}}{\text{seconde}} .$$

Parvenu à ce point, Maxwell continue (***) en ces termes :
" Trouver la vitesse de propagation des vibrations transversales dans le milieu élastique qui forme les cellules, en supposant que l'élasticité est due entièrement à des forces agissant entre les molécules prises deux à deux (IV). „

(*) J. Clerk Maxwell, *loc. cit.*, p. 495, égalité (108).
(**) J. Clerk Maxwell, *loc. cit.*, p. 499, égalité (131).
(***) J. Clerk Maxwell, *loc. cit.*, p. 499.
(IV) Par ces mots, Maxwell désigne la théorie moléculaire de Poisson.

« Par la méthode ordinaire, on sait que

$$(132) \qquad V = \sqrt{\frac{m}{\rho}} \,,$$

m désignant le coefficient d'élasticité transversale et ρ la densité. »

La densité qui doit figurer dans cette formule, c'est la densité du milieu élastique qui forme les parois des cellules; sans avertir de cette transposition, Maxwell suppose que ρ désigne la densité du fluide qui remplit les cellules et il admet alors la relation

$$(133) \qquad \mu = \pi\rho$$

qu'il a été amené à établir (*) entre cette densité et la perméabilité magnétique μ. Il trouve alors

$$\mu V^2 = \pi m$$

ou, en vertu de l'égalité (129),

$$(134) \qquad E = V \sqrt{\mu} \,.$$

Il commente (**) en ces termes ce résultat :
« Dans l'air ou le vide, $\mu = 1$ et, par conséquent,

$$V = E$$
$$= 310\,740 \times 10^6 \text{ millimètres par seconde}$$
$$= 193\,088 \text{ milles par seconde.}$$

« La vitesse de la lumière dans l'air, déterminée par M. Fizeau, est de 70 843 lieues par seconde (25 lieues au degré) ce qui donne

$$V = 314\,858 \times 10^6 \text{ millimètres par seconde}$$
$$= 195\,647 \text{ milles par seconde.}$$

« La vitesse de propagation des ondulations transversales dans notre milieu hypothétique, calculée d'après les expériences électromagnétiques de MM. Kohlrausch et Weber, concorde si exactement avec la vitesse de la lumière calculée au moyen des expériences optiques de M. Fizeau, qu'il nous serait difficile de ne

---

(*) J. Clerk Maxwell, *loc. cit.*, pp. 456 et 457.
(**) J. Clerk Maxwell, *loc. cit.*, pp. 499 et 500.

point faire cette supposition : *La lumière consiste en ondulations transversales de ce même milieu qui est la cause des phénomènes électriques et magnétiques.* „

La capacité d'un condensateur plan de surface S, dont les armatures sont séparées par une épaisseur θ d'un diélectrique donné 1, a pour valeur [I^e Partie, égalité (87)]

$$C_1 = \frac{1}{4\pi E_1^2} \frac{S}{\theta} \cdot$$

Si l'espace compris entre les deux armatures du condensateur est vide, ce condensateur a, de même, pour capacité

$$C = \frac{1}{4\pi E^2} \frac{S}{\theta} \cdot$$

Le rapport

$$D_1 = \frac{C_1}{C}$$

est, par définition, le pouvoir inducteur spécifique du diélectrique 1. On a donc

$$D_1 = \frac{E^2}{E_1^2}$$

ou bien, en vertu de l'égalité (134),

$$(135) \qquad D_1 = \frac{V^2}{V_1^2} \frac{1}{\mu_1} \cdot$$

" En sorte (*) que le pouvoir inducteur d'un diélectrique est directement proportionnel au carré de l'indice de réfraction et en raison inverse du pouvoir inducteur magnétique. „

Ainsi, dès 1862, avant que la note de Bernhard Riemann ait été publiée, alors que les théories de L. Lorenz et de M. C. Neumann n'étaient point encore conçues, Maxwell était déjà en possession des lois essentielles de la théorie électromagnétique de la lumière. Malheureusement, la méthode par laquelle il y était parvenu, très

---

(*) J. Clerk Maxwell, *loc. cit.*, p. 501.

différente de celle qu'il a proposée depuis, était viciée par une grave erreur matérielle. En vertu de l'égalité (126), l'égalité (132) deviendrait

$$V = \sqrt{\frac{2M}{\rho}},$$

formule inexacte à laquelle on doit substituer l'égalité (*)

$$V = \sqrt{\frac{M}{\rho}}.$$

§ 5. *Forme définitive de la théorie électromagnétique de la lumière de Maxwell*

Deux fois Maxwell a exposé, avec des variantes de détail, la théorie électromagnétique de la lumière sous une forme précise et exempte d'hypothèses mécaniques : une première fois (**), dans le mémoire : *A dynamical Theory of the electromagnetic Field ;* une seconde fois (***), dans le *Traité d'Électricité et de Magnétisme.*

Prenons le système des six équations de Maxwell

$$(31) \quad \begin{cases} \dfrac{\delta\gamma}{\delta y} - \dfrac{\delta\beta}{\delta z} = -\,4\pi\,(u + \bar{u}), \\[2ex] \dfrac{\delta\alpha}{\delta z} - \dfrac{\delta\gamma}{\delta x} = -\,4\pi\,(v + \bar{v}), \\[2ex] \dfrac{\delta\beta}{\delta x} - \dfrac{\delta\alpha}{\delta y} = -\,4\pi\,(w + \bar{w}), \end{cases}$$

$$(80^{bis}) \quad \begin{cases} \dfrac{\delta H}{\delta y} - \dfrac{\delta G}{\delta z} = -\,\mu\alpha, \\[2ex] \dfrac{\delta F}{\delta z} - \dfrac{\delta H}{\delta x} = -\,\mu\beta, \\[2ex] \dfrac{\delta G}{\delta x} - \dfrac{\delta F}{\delta y} = -\,\mu\gamma. \end{cases}$$

(*) Lamé, *loc. cit.*, p. 142, égalité (9).

(**) J. Clerk Maxwell, Scientific Papers, vol. I, pp. 577 à 588.

(***) J. Clerk Maxwell, *Traité d'Électricité et de Magnétisme*, trad. française, t. II, pp. 485 à 504.

Posons

$$(81^{\text{bis}}) \qquad \frac{\delta F}{\delta x} + \frac{\delta G}{\delta y} + \frac{\delta H}{\delta z} = J$$

et supposons le milieu homogène. Nous obtiendrons sans peine les trois égalités

$$(136) \qquad \begin{cases} \Delta F = \dfrac{\delta J}{\delta x} - 4\pi\mu\,(u + \overline{u}), \\[2mm] \Delta G = \dfrac{\delta J}{\delta y} - 4\pi\mu\,(v + \overline{v}), \\[2mm] \Delta H = \dfrac{\delta J}{\delta z} - 4\pi\mu\,(w + \overline{w}). \end{cases}$$

Ces équations sont générales. Supposons maintenant le milieu non conducteur, mais diélectrique; nous aurons

$$u = 0, \qquad v = 0, \qquad w = 0,$$

tandis que $\overline{u}, \overline{v}, \overline{w}$ seront donnés par les égalités (123). Dès lors, les égalités (136) deviendront

$$(137) \qquad \begin{cases} \Delta F - K\mu\,\dfrac{\delta^2 F}{\delta t^2} = \dfrac{\delta J}{\delta x} + K\mu\,\dfrac{\delta^2 \Psi}{\delta x\,\delta t}, \\[2mm] \Delta G - K\mu\,\dfrac{\delta^2 G}{\delta t^2} = \dfrac{\delta J}{\delta y} + K\mu\,\dfrac{\delta^2 \Psi}{\delta y\,\delta t}, \\[2mm] \Delta H - K\mu\,\dfrac{\delta^2 H}{\delta t^2} = \dfrac{\delta J}{\delta z} + K\mu\,\dfrac{\delta^2 \Psi}{\delta z\,\delta t}. \end{cases}$$

Jointes aux égalités (80bis), ces relations nous donnent, en premier lieu, les égalités

$$(138) \qquad \begin{cases} \Delta\alpha - K\mu\,\dfrac{\delta^2 \alpha}{\delta t^2} = 0, \\[2mm] \Delta\beta - K\mu\,\dfrac{\delta^2 \beta}{\delta t^2} = 0, \\[2mm] \Delta\gamma - K\mu\,\dfrac{\delta^2 \gamma}{\delta t^2} = 0. \end{cases}$$

Ces trois équations, dont la forme est bien connue, nous enseignent que dans un diélectrique homogène, les trois composantes u, β, γ du champ magnétique, lesquelles, selon les égalités (80bis), vérifient la relation

$$(139) \qquad \frac{\delta u}{\delta x} + \frac{\delta y}{\delta \beta} + \frac{\delta \gamma}{\delta z} = 0$$

qui caractérise les composantes d'une vibration transversale, se propagent avec une vitesse

$$(140) \qquad V = \sqrt{\frac{1}{K\mu}}.$$

La suite des déductions de Maxwell est différente dans le mémoire : *A dynamical Theory of the electromagnetic Field* et dans le *Traité d'Électricité et de Magnétisme;* attachons-nous d'abord aux raisonnements exposés dans ce dernier, qui sont plus corrects.

Différentions la première égalité (127) par rapport à x, la seconde par rapport à y, la troisième par rapport à z et ajoutons membre à membre les résultats obtenus en tenant compte de l'égalité (81bis); nous trouvons

$$(141) \qquad K\mu \left(\frac{\delta}{\delta t} \Delta \Psi + \frac{\delta^2 J}{\delta t^2} \right) = 0.$$

D'autre part, l'égalité (103) de la Ire Partie nous enseigne que, dans un milieu homogène, la densité électrique e est donnée par l'égalité

$$(142) \qquad K\Delta\Psi + 4\pi e = 0.$$

Enfin, l'égalité

$$(19) \qquad \frac{\delta u}{\delta x} + \frac{\delta v}{\delta y} + \frac{\delta w}{\delta z} + \frac{\delta e}{\delta t} = 0$$

nous montre que l'on a, dans un milieu non conducteur où

$$u = 0, \qquad v = 0, \qquad w = 0,$$

l'égalité

$$(143) \qquad \frac{\delta e}{\delta t} = 0.$$

Les égalités (141), (142) et (143) donnent

$$(144) \qquad \frac{\delta^2 J}{\delta t^2} = 0.$$

« Donc (*) J doit être une fonction linéaire de t, ou une constante, ou zéro, et nous pouvons ne tenir compte ni de J, ni de Ψ, si nous considérons des perturbations périodiques ». Et les équations (137) deviennent, selon Maxwell (**),

$$(145) \qquad
\begin{cases}
\Delta F - K\mu \dfrac{\delta^2 F}{\delta t^2} = 0, \\[2ex]
\Delta G - K\mu \dfrac{\delta^2 G}{\delta^2 t} = 0, \\[2ex]
\Delta H - K\mu \dfrac{\delta^2 H}{\delta t^2} = 0.
\end{cases}$$

La phrase de Maxwell que nous avons citée, exacte en ce qui concerne la fonction J, ne l'est pas pour la fonction Ψ; mais, sans s'écarter beaucoup de la pensée essentielle de Maxwell, on pourrait raisonner de la manière suivante :

Différentions deux fois les égalités (137) par rapport à t et tenons compte de l'égalité (144) et de l'égalité

$$\frac{\delta}{\delta t} \Delta \Psi = 0,$$

qui découle des égalités (142) et (143) et qui donne

$$\Delta \frac{\delta^2 \Psi}{\delta x\, \delta t} = 0, \qquad \Delta \frac{\delta^2 \Psi}{\delta y\, \delta t} = 0, \qquad \Delta \frac{\delta^2 \Psi}{\delta z\, \delta t} = 0.$$

(*) J. Clerk Maxwell, *Traité d'Électricité et de Magnétisme*, t. II, p. 488.
(**) J. Clerk Maxwell, *loc. cit.*, p. 488, équations (9).

Nous pourrons écrire les résultats obtenus

$$\Delta \frac{\delta}{\delta t}\left(\frac{\delta \Psi}{\delta x} + \frac{\delta F}{\delta t}\right) - K\mu \frac{\delta^3}{\delta t^3}\left(\frac{\delta \Psi}{\delta x} + \frac{\delta F}{\delta t}\right) = 0,$$

$$\Delta \frac{\delta}{\delta t}\left(\frac{\delta \Psi}{\delta y} + \frac{\delta G}{\delta t}\right) - K\mu \frac{\delta^3}{\delta t^3}\left(\frac{\delta \Psi}{\delta y} + \frac{\delta G}{\delta t}\right) = 0,$$

$$\Delta \frac{\delta}{\delta t}\left(\frac{\delta \Psi}{\delta z} + \frac{\delta H}{\delta t}\right) - K\mu \frac{\delta^3}{\delta t^3}\left(\frac{\delta \Psi}{\delta z} + \frac{\delta H}{\delta t}\right) = 0$$

ou bien, en vertu des égalités (123),

$$(146) \qquad \begin{cases} \Delta \bar{u} - K\mu \dfrac{\delta^2 \bar{u}}{\delta t^2} = 0, \\[2mm] \Delta \bar{v} - K\mu \dfrac{\delta^2 \bar{v}}{\delta t^2} = 0, \\[2mm] \Delta \bar{w} - K\mu \dfrac{\delta^2 \bar{w}}{\delta t^2} = 0. \end{cases}$$

D'ailleurs, en vertu de l'égalité (25), dans un milieu non conducteur où

$$u = 0, \qquad v = 0, \qquad w = 0,$$

les composantes $\bar{u}$, $\bar{v}$, $\bar{w}$, du flux de déplacement vérifient l'égalité

$$(147) \qquad \frac{\delta \bar{u}}{\delta x} + \frac{\delta \bar{y}}{\delta v} + \frac{\delta \bar{w}}{\delta z} = 0.$$

Donc, dans un milieu non conducteur, les flux de déplacement sont des flux transversaux qui se propagent avec la vitesse

$$(140) \qquad V = \sqrt{\frac{1}{K\mu}}.$$

L'analyse précédente repose essentiellement sur l'emploi des égalités (19) et (25), conséquences naturelles de la *troisième électro-*

statique de Maxwell; on ne pouvait donc s'attendre à la rencontrer dans le mémoire : *A dynamical Theory of the electromagnetic Field;* elle y est remplacée par une autre analyse qu'il serait moins aisée de rendre exacte.

Maxwell détermine une fonction χ, analogue à la fonction χ, donnée par l'égalité (108), qu'il a considérée plus tard dans son *Traité,* telle que

$$(148) \qquad\qquad \Delta\chi = J.$$

Il pose

$$(109) \qquad \begin{cases} F = F' + \dfrac{\delta\chi}{\delta x}, \\[2mm] G = G' + \dfrac{\delta\chi}{\delta y}, \\[2mm] H = H' + \dfrac{\delta\chi}{\delta z}. \end{cases}$$

Les égalités (81bis), (148) et (109) donnent visiblement

$$(149) \qquad \frac{\delta F'}{\delta x} + \frac{\delta G'}{\delta y} + \frac{\delta H'}{\delta z} = 0,$$

en sorte que F', G', H' peuvent être regardés comme la *partie transversale de l'état électrotonique* dont F, G, H sont les composantes.

Moyennant les égalités (109), les égalités (137) deviennent

$$(150) \qquad \begin{cases} \Delta F' - K\mu \dfrac{\delta^2 F'}{\delta t^2} = K\mu \dfrac{\delta}{\delta x}\left(\dfrac{\delta\Psi}{\delta t} + \dfrac{\delta^2\chi}{\delta t^2}\right), \\[3mm] \Delta G' - K\mu \dfrac{\delta^2 G'}{\delta t^2} = K\mu \dfrac{\delta}{\delta y}\left(\dfrac{\delta\Psi}{\delta t} + \dfrac{\delta^2\chi}{\delta t^2}\right), \\[3mm] \Delta H' - K\mu \dfrac{\delta^2 H'}{\delta t^2} = K\mu \dfrac{\delta}{\delta z}\left(\dfrac{\delta\Psi}{\delta t} + \dfrac{\delta^2\chi}{\delta t^2}\right). \end{cases}$$

Différentions respectivement ces égalités par rapport à x, y et z et ajoutons membre à membre les résultats obtenus en tenant compte de l'égalité (149); nous trouvons

$$(151) \qquad \Delta\left(\frac{\delta\Psi}{\delta t} + \frac{\delta^2 X}{\delta t^2}\right) = 0.$$

Maxwell fait ce calcul (*); mais au lieu d'en conclure l'égalité (151), il en conclut, ce qui n'est point légitime, l'égalité

$$(152) \qquad \frac{\delta\Psi}{\delta t} + \frac{\delta^2 X}{\delta t^2} = 0.$$

Faisant usage de cette égalité (152), il transforme les égalités (150) en

$$(153) \qquad \begin{cases} \Delta F' - K\mu\, \dfrac{\delta^2 F'}{\delta t^2} = 0, \\[2mm] \Delta G' - K\mu\, \dfrac{\delta^2 G'}{\delta t^2} = 0, \\[2mm] \Delta H' - K\mu\, \dfrac{\delta^2 H'}{\delta t^2} = 0. \end{cases}$$

La partie transversale de l'état électrotonique se propage avec une vitesse

$$(140) \qquad V = \sqrt{\frac{1}{K\mu}}\,.$$

D'ailleurs, les égalités (148) et (152) donnent

$$\frac{\delta}{\delta t}\,\Delta\Psi + \frac{\delta^2 J}{\delta t^2} = 0$$

et comme $\Delta\Psi$ est, dans un milieu homogène, proportionnel [1re Partie, égalités (57) et (57bis)] à la densité e de l'électricité libre,

---

(*) J. Clerk Maxwell, Scientific Papers, vol. I, p. 581, égalité (77).

$\dfrac{\delta^2 J}{\delta t^2}$ se trouve être proportionnel à $\dfrac{\delta e}{\delta t}$. " Comme le milieu est un isolant parfait, dit Maxwell (*), la densité e de l'électricité libre est invariable „; cette affirmation ne découle point logiquement de l'électrostatique admise dans le mémoire : *A dynamical Theory of the electromagnetic Field;* Maxwell s'y tient cependant, admet que $\dfrac{\delta^2 J}{\delta t^2}$ est forcément nul et en conclut qu'une perturbation électrique périodique ne peut correspondre à une valeur de J différente de 0.

La seconde électrostatique de Maxwell se prête donc moins bien au développement de la théorie électromagnétique de la lumière que la troisième électrostatique du même auteur.

Il est deux points sur lesquels s'accordent (**) toutes les électrostatiques de Maxwell.

En premier lieu, deux charges électriques q_1, q_2, placées à une distance r l'une de l'autre au sein d'un certain diélectrique 1, se repoussent avec une force [1re Partie, égalités (78) et (83)]

$$F = \frac{1}{K_1}\,\frac{q_1\,q_2}{r^2}\,.$$

En second lieu, un condensateur plan dont les plateaux d'aire S sont séparés par une épaisseur θ du même diélectrique a une capacité [1re Partie, égalité (87)]

$$C = \frac{K_1}{4\pi}\,\frac{S}{\theta}\,.$$

Ces deux égalités, jointes à l'égalité (140), redonnent immédiatement ces deux lois, déjà obtenues par Maxwell, en son mémoire : *On physical Lines of Force :*

(*) J. Clerk Maxwell, Scientific Papers, vol. I, p. 582.

(**) Pour reconnaître cet accord, il faut se souvenir que la même quantité se nomme K dans le *Traité d'Électricité et de Magnétisme* et ici même, $\dfrac{1}{E^2}$ dans le mémoire : *On physical Lines of Force* et $\dfrac{4\pi}{K}$ dans le mémoire : *A dynamical Theory of the electromagnetic Field.*

1re Loi. *Dans le vide, les courants de déplacement transversaux se propagent avec la même vitesse que la lumière.*

2me Loi. *Le pouvoir inducteur spécifique par rapport au vide est lié aux vitesses de propagation V_1 et V des flux de déplacement transversaux dans ce diélectrique et dans le vide, et à la perméabilité magnétique μ_1 du diélectrique par la relation*

$$(135) \qquad\qquad D_1 = \frac{V^2}{V_1^2}\,\frac{1}{\mu_1}.$$

Ce sont les deux lois essentielles de la théorie électromagnétique de la lumière.

CONCLUSION

La théorie électromagnétique de la lumière relie d'une manière si heureuse deux disciplines jusque là distinctes, elle satisfait si pleinement au besoin, souvent manifesté par les physiciens, de rapprocher l'optique de la doctrine électrique, que bien peu de personnes consentiraient aujourd'hui à la tenir pour nulle et non avenue.

D'autre part, à moins d'être aveuglé par une admiration de parti pris, on ne saurait méconnaître les illogismes et les incohérences qui rendent inacceptables à un esprit juste les raisonnements de Maxwell; ces illogismes, ces incohérences, ne sont d'ailleurs pas, dans l'œuvre du physicien anglais, des défauts de minime importance et faciles à corriger; d'illustres géomètres ont cherché à mettre de l'ordre dans cette œuvre et ont dû y renoncer.

Quel parti prendre puisqu'on ne saurait se résoudre ni à accorder une valeur démonstrative aux raisonnements de Maxwell, ni à renoncer à la théorie électromagnétique de la lumière ?

Beaucoup de physiciens penchent aujourd'hui pour un parti qui a été adopté par O. Heaviside (*), par Hertz (**), par Cohn (***)

(*) O. Heaviside. *On the electromagnetic Wave-surface* (PHILOSOPHICAL MAGAZINE, 5ᵉ série, vol. XIX, p. 397; 1885. — HEAVISIDE'S ELECTRICAL PAPERS, vol. II, p. 8). — *On electromagnetic Waves, especially in Relation to the Vorticity of the impressed Forces; and the forced Vibrations of electromagnetic Systems* (PHILOSOPHICAL MAGAZINE, 5ᵉ série, vol. XXV, p. 130; 1888. — ELECTRICAL PAPERS, vol. II, p. 375).

(**) H. Hertz. *Ueber die Grundgleichungen der Elektrodynamik für ruhende Körper* (WIEDEMANN'S ANNALEN. Bd. XL, p. 577; 1890. — UNTERSUCHUNGEN ÜBER DIE AUSBREITUNG DER ELEKTRISCHEN KRAFT, p. 208; 1894).

(***) Cohn. *Zur Systematik der Elektricitätslehre* (WIEDEMANN'S ANNALEN, Bd. XL, p. 625; 1890).

et dont Hertz (*) a nettement formulé le principe et revendiqué la légitimité :

Puisque les raisonnements et les calculs par lesquels Maxwell développe sa théorie de l'électricité et du magnétisme sont à chaque instant compromis par des contradictions non pas accidentelles, non pas aisées à corriger, mais essentielles et inséparables de l'ensemble de l'œuvre, laissons de côté ces raisonnements et ces calculs. Prenons simplement les équations auxquelles ils ont conduit Maxwell et, sans souci des procédés par lesquels ces équations ont été obtenues, acceptons-les comme des hypothèses fondamentales, comme des postulats sur lesquels nous ferons reposer l'édifice entier des théories électriques. Nous garderons ainsi, sinon toutes les pensées qui ont agité l'esprit de Maxwell, du moins tout ce qu'il y a d'essentiel et d'indestructible dans ces pensées, car " ce qu'il y a d'essentiel dans les théories de Maxwell, ce sont les équations de Maxwell. „

A-t-on le droit de laisser de côté à la fois les anciennes théories électriques et les théories nouvelles par lesquelles Maxwell est arrivé à ces équations et de prendre purement et simplement ces équations comme point de départ d'une doctrine nouvelle ?

Un algébriste a toujours le droit de prendre un groupe quelconque d'équations et de combiner ces équations entre elles selon les règles du calcul. Les lettres que liaient certaines relations seront impliquées dans d'autres relations algébriquement équivalentes aux premières.

Mais un physicien n'est pas un algébriste; une équation ne porte pas simplement, pour lui, sur des lettres; ces lettres symbolisent des grandeurs physiques qui doivent être ou mesurables expérimentalement, ou formées d'autres grandeurs mesurables. Si donc on se contente de donner à un physicien une équation, on ne lui enseigne rien du tout; il faut, à cette équation, joindre l'indication des règles par lesquelles on fera correspondre les lettres sur lesquelles porte l'équation aux grandeurs physiques qu'elles représentent. Or, ces règles, ce qui les fait connaître,

---

(*) H. Hertz. *Untersuchungen über die Ausbreitung der elektrischen Kraft. Einleitende Uebersicht*, p. 21.

c'est l'ensemble des hypothèses et des raisonnements par lesquels on est parvenu aux équations en question; c'est la *théorie* que ces équations résument sous forme symbolique : *en physique, une équation, détachée de la théorie qui y a conduit, n'a aucun sens.*

Selon H. Hertz, des théories sont identiques lorsqu'elles conduisent aux mêmes équations. " A cette question (*) : " Qu'est-ce que la théorie de Maxwell? „ je ne connais aucune réponse plus brève et plus précise que celle-ci : " La théorie de Maxwell, c'est le système des équations de Maxwell. „ Toute théorie qui conduit aux mêmes équations, et, par conséquent, embrasse le même ensemble de phénomènes possibles, je la regarderai comme une forme ou un cas particulier de la théorie de Maxwell ; toute théorie qui conduit à d'autres équations, et par conséquent, fait prévoir la possibilité d'autres phénomènes sera pour moi une autre théorie. „

Ce criterium ne saurait suffire à juger l'équivalence de deux théories; pour qu'elles soient équivalentes, il ne suffit pas que les équations qu'elles proposent soient littéralement identiques; il faut encore que les lettres qui figurent dans ces équations représentent des grandeurs liées de la même manière aux quantités mesurables; et pour s'assurer de ce dernier caractère, il ne suffit pas de comparer les équations, il faut comparer les raisonnements et les hypothèses qui constituent les deux théories.

On ne peut donc adopter les équations de Maxwell que si l'on y parvient comme conséquence d'une théorie sur les phénomènes électriques et magnétiques; et comme ces équations ne s'accordent pas avec la théorie classique issue des travaux de Poisson, force sera de rejeter cette théorie classique, de rompre avec la doctrine traditionnelle, et de créer avec des notions nouvelles, sur des hypothèses nouvelles, une théorie nouvelle de l'électricité et du magnétisme.

C'est ce qu'a fait M. Boltzmann.

(*) H. Hertz, *Abhandlungen über die Ausbreitung der elektrischen Kraft. Einleitende Uebersicht,* p. 23.

Dans un livre publié de 1891 à 1893 (*), il a tenté un prodigieux effort pour oublier les doctrines que nous enseignent la tradition et l'usage et pour construire, au moyen de conceptions toutes nouvelles, un système où les équations de Maxwell soient logiquement enchaînées.

On ne saurait nier, en effet, que cet ouvrage n'établisse un lien irréprochable entre les diverses équations écrites par Maxwell en son *Traité d'Électricité et de Magnétisme*. Les contradictions et les paralogismes dont Maxwell s'était plu, trop souvent, à semer la voie qui mène à ces équations ont été soigneusement écartés. Est-ce à dire que la théorie ainsi construite ne prête plus le flanc à aucune critique et satisfasse à tous les désirs des physiciens? Il s'en faut de beaucoup. Ainsi l'électrostatique de M. L. Boltzmann n'est autre chose que la troisième électrostatique de Maxwell; comme cette dernière, elle ne paraît point s'accorder avec les actions que les conducteurs électrisés exercent sur les diélectriques; le magnétisme, imité des Mémoires de Maxwell, ne semble pas susceptible de s'identifier aux doctrines fécondes de Poisson, de F. Neumann, de W. Thomson, de G. Kirchhoff, doctrines que Maxwell lui-même avait reprises dans son *Traité*.

Si donc, pour parvenir d'une manière logique aux équations de Maxwell, nous suivons les méthodes proposées par M. L. Boltzmann, nous nous voyons contraints d'abandonner en partie l'œuvre de Poisson et de ses successeurs sur la distribution de l'électricité et du magnétisme, c'est-à-dire l'une des parties les plus précises et les plus utiles de la physique mathématique.

D'autre part, pour sauver ces théories, devons-nous renoncer à toutes les conséquences de la doctrine de Maxwell, et, en particulier, à la plus séduisante de ces conséquences, à la théorie électromagnétique de la lumière? Comme le remarque quelque part M. Poincaré, il serait difficile de s'y résoudre.

Enfermés en ce dilemne : ou bien abandonner la théorie tradi-

---

(*) L. Boltzmann, *Vorlesungen über Maxwell's Theorie der Elektricität und des Lichtes. Iᵉ Theil: Ableitung der Grundgleichungen für ruhende, homogene, isotrope Körper. — IIᵉ Theil: Verhältniss zur Fernwirkungs-theorie; specielle Fälle der Elektrostatik, stationaren Strömung und Induction.* Leipzig, 1891-1893.

tionnelle de la distribution électrique et magnétique, ou bien renoncer à la théorie électromagnétique de la lumière, les physiciens ne peuvent-ils adopter un tiers parti? Ne peuvent-ils imaginer une doctrine où se concilieraient logiquement l'ancienne électrostatique, l'ancien magnétisme et la doctrine nouvelle de la propagation des actions électriques au sein des milieux diélectriques ?

Cette doctrine existe; elle est l'une des plus belles œuvres de Helmholtz (*); prolongement naturel des doctrines de Poisson, d'Ampère, de Weber et de Neumann, elle conduit logiquement des principes posés au commencement du XIXe siècle aux conséquences les plus séduisantes des théories de Maxwell, des lois de Coulomb à la théorie électromagnétique de la lumière; sans perdre aucune des récentes conquêtes de la science électrique, elle rétablit la continuité de la tradition.

(*) Helmholtz. *Ueber die Bewegungsgleichungen der Elektrodynamik für ruhende leitende Körper* (BORCHARDT'S JOURNAL FUR REINE UND ANGEWANDTE MATHEMATIK, Bd. LXXII, p. 57, 1870. — WISSENSCHAFTLICHE ABHANDLUNGEN, Bd. I, p. 543).

TABLE DES MATIERES

DEUXIÈME PARTIE

L'Électrodynamique de Maxwell.

BRUXELLES. — IMPRIMERIE POLLEUNIS ET CEUTERICK.

A LA MÊME LIBRAIRIE

Duhem (P.), professeur de Physique à l'Université de Bordeaux. *Traité élémentaire de Mécanique chimique fondée sur la thermodynamique*, 4 beaux vol. gr. in-8°, avec 600 fig. 35 00

> Séparément :
>
> T. I. *Introduction. — Principes fondamentaux de la thermodynamique. — Faux équilibres et explosions*, gr. in-8°, 300 p., 1897. . . . . 10 00
>
> T. II. *Vaporisation et modifications analogues. — Continuité entre l'état liquide et l'état gazeux. Dissociation des gaz parfaits.* Gr. in-8°, 386 p., 1898 . . . 12 00
>
> T. III. *Les Mélanges homogènes. — Les dissolutions.* Gr. in-8°, 1899, 500 p. 12 00
>
> T. IV et dernier. *Les mélanges doubles. — Statique chimique générale des Systèmes hétérogènes. — Index alphabétique des auteurs cités dans cet ouvrage. — Index alphabétique des substances chimiques étudiées dans cet ouvrage.* Gr. in-8°, 1899, de 384 p. . . . 12 00

— *Cours de Physique Mathématique. — Hydrodynamique, élasticité, acoustique*, 2 vol. in-4° lith., 1891-92, 670 p. 20 00

Van't Hoff. *Leçons de Chimie physique*, traduction Corvisy. 3 vol. gr. in-8°, fig. 23 00

> T. I. *Dynamique chimique*, 1898 . . . . 10 00
>
> T. II. *La statique chimique*, 1899. . . . . 8 00
>
> T. III. *Relations entre les propriétés et la composition*, gr. in-8° 1900 avec un beau portrait de Van't Hoff gravé 7 00

Caubet. *Liquéfaction des mélanges gazeux.* 1901. . . . 6 00

Hemsalech. *Recherches sur les spectres d'étincelles.* 1901 . 6 00

Quesneville. *Théorie nouvelle de la dispersion.* 1901 . . 2 50

Burgess. *Recherches sur la constante de gravitation.* 1901. 3 50

Marchis (L.). *Les déformations permanentes du verre et le déplacement du zéro des thermomètres*, gr. in-8° de 450 p. avec fig. et planches. 10 00

SOUS PRESSE :

Duhem (P.), *Thermodynamique et Chimie. — Leçons élémentaires à l'usage des chimistes.* Gr. in-8°, 600 p. 150 fig.

(Un premier fascicule vient de paraître)

9 782016 204856